和生命的意外共处

徐莉 著

图书在版编目（CIP）数据

和生命的意外共处 / 徐莉著 . -- 北京：北京联合出版公司, 2023.12
ISBN 978-7-5596-7262-9

Ⅰ. ①和… Ⅱ. ①徐… Ⅲ. ①心理学—普及读物
Ⅳ. ① B84-49

中国国家版本馆 CIP 数据核字（2023）第 208516 号

Copyright © 2023 by Beijing United Publishing Co., Ltd.
All rights reserved.
本作品版权由北京联合出版有限责任公司所有

和生命的意外共处

徐莉　著

出　品　人：赵红仕
出版监制：刘　凯　　赵鑫玮
选题策划：联合低音
责任编辑：蒯　鑫
封面设计：FAJUN
内文排版：聯合書莊

关注联合低音

北京联合出版公司出版
（北京市西城区德外大街 83 号楼 9 层　100088）
北京联合天畅文化传播公司发行
北京美图印务有限公司印刷　新华书店经销
字数 150 千字　880 毫米 × 1230 毫米　1/32　6 印张
2023 年 12 月第 1 版　2023 年 12 月第 1 次印刷
ISBN 978-7-5596-7262-9
定价：38.00 元

版权所有，侵权必究
未经书面许可，不得以任何方式转载、复制、翻印本书部分或全部内容。
本书若有质量问题，请与本公司图书销售中心联系调换。电话：（010）64258472-800

序

面对意外的心理学

意料之中的威胁不论多么巨大,都不是最可怕的。当命运真的想狠狠打击一个人的时候,它会运用《孙子兵法》中的手段"出其不意,攻其不备"。突然出现的灾难,想不到会有问题的地方出了问题,这才是最可怕的。

我们以为大地永远是稳定的,但有一天它震动了,这叫作地震,也叫不可预期。

我们以为水会沿着河道流走,但有一天它冲进你的住房,这叫作洪水,也叫灭顶之灾。

我们以为挚爱的亲人还会活很久,但突然他/她就离去了,这叫作意外,也叫世事无常。

这些灾难可能会击溃我们,让我们失去对生活所有的控制,失去稳定和安全感,成为命运洪流中随波逐流的小树叶——没有人愿意忍受这种无能为力。

有些人想事先多做准备，从而让自己的生命中尽量"没有意外"，但这是不可能的。如果你真的这样做，你会发现自己变成了"强迫型人格"。谨小慎微、防备一切可能的灾难，于是生命变得干枯，生活本身成了一场灾难。

有些人想完全投身于变化，结果很可能成了反复无常的"边缘型人格"人，于是成了他人的灾难。

我们应该给意外一个位置，承认"出意外是意料之中的"，并且让我们成为一个能够应对意外、承受意外，而且不会轻易崩溃的人——这，需要懂一些心理学。

意外出现，如何才能不彻底崩溃？首先，你需要一个稳定的核心，如同导弹需要一个陀螺仪。这个陀螺仪是人格底层的稳定要素，也是自我核心信念的稳定要素。其次，你需要一个调节系统，能够调节自己，以应对外部事件的冲击和内心世界的混乱。

具体怎么做，这本书会有很多、很好的论述。比如，对于人格底层的安顿，最重要的是"吃好"和"睡好"，看起来似乎很简单，但是实际上很难抓住要点；在调节自己的方法上，如何用艺术来实现我们的目标，书中也给出了具体的建议；还有，在疗愈自己方面，用宠物来帮助自己也是非常好的方法——有时，它们很可能胜过心理咨询师。

另外，用意象对话来调节自己，也是此书独有的一大特点。对于意象对话的效果，我是很有信心的。

这本书的独特之处在于，指出了一个对于每个人都很重要，但是在现有的心理学中用得比较少的方法，那就是在灾难中找到意义，用意义超越灾难，并在这一过程中学习先贤的智慧。这一点，把一般心理咨询工作提升了一个层级，让我们不只学会应对灾难，更学会在苦难中成长。

因此，这是一本好书。虽然可能写得还不够充实丰满，在具体方法上也略欠细致，但值得静下心来阅读。

朱建军

北京林业大学人文社会科学学院心理学系教授

北京读你心意心理咨询中心督导，临床心理学博士

目 录
Contents

前 言 /001

Part 1　那些不期而至的，如何改变我们 /005

01　突如其来的疫情与我们的心理　/007
02　地震、洪灾、火灾等灾难的影响　/016
03　亲人意外离世，怎样告别　/027

Part 2　以觉察的力量疗愈身心 /041

04　创伤后应激障碍的外在表现　/043
05　理解创伤，释放身体的情绪能量　/047
06　大脑结构如何影响我们的生活　/052
07　情绪是调整自我的重要抓手　/055
08　我们有几种视角看待意外的发生　/068

Part 3　压力之下的自我关怀方法 /079

09　状态可以不好，但自我值得善待　/081
10　躯体层面的调节　/084
11　艺术可以调心　/091
12　关系慰藉心灵　/101
13　精神力量指引　/112

Part 4　每个人都需要找到内在的稳定 /119

14　稳定感与自我分化　/121
15　要形成稳定内核，个体可以做什么　/125
16　咨询室中的自我分化　/131
17　爱自己：整合自我阴影，对自己温和　/136

Part 5　帮助他人以及家庭成员之间的互助 /147

18　帮助灾难中的孩子　/149
19　帮助身体状况欠佳或有身心障碍的群体　/153
20　帮助者的自我照顾和复原　/155
21　意外发生后家庭成员之间的互助　/157
22　表达需要与感恩他人　/167
23　如何寻求专业帮助　/175

后　记　/181

前言

祸兮福所倚，福兮祸所伏。

——《道德经·第五十八章》

"塞翁失马，焉知非福"，相信每一个中国人都熟悉这个寓言故事，它讲出了世间之事祸福相依的哲理。遇到不顺利的事或灾祸，以人的本性来说都会感到不开心，但风物长宜放眼量，再看看，能不能从中汲取到智慧——因祸得福呢？遇到了顺利、幸运的事，以人的本性来说是该感到开心的，但如果开心过了头，人们往往也会忽略潜在的风险和危机，从而带来祸事。

所以，很多次读到先哲的智慧箴言，我都会庆幸自己生在华夏——两千多年前，有人讲述了他们体会到的生命智慧；两千多年后，我们还可以从中汲取力量。谈到"和生命中的意外共处"这个话题，我首先想到的就是"祸兮福所倚，福兮祸所伏"。那么，我为什么还要写这本书呢？因为，在快节奏、忙碌的现代社会，仅凭一两句先贤的箴言，是很难度过人生的种种风波的。

升学、考研、考编、找工作、谈恋爱、结婚、生子、育儿，生活中遇到的困难事儿不胜枚举。我们希望老天爷对我们能好一些，最好凡事能顺利一些，想的事、做的事都能够达成。后来，我们发现生活没有想象的那么简单、顺遂。"你我皆凡人，生在人世间"，总有求不得、爱别离、怨憎会等烦恼，还有种种不合心意，更是"终日奔波苦，一刻不得闲"。等到经历了一些艰难困苦，跌跌跄跄地走入社会、走进婚姻，然后泯然于人群，以为这就是人生。然而，总会有一些时刻，也许是因为一些错失、一些懊悔，或者一些意外的事情发生，让我们开始思索生命的意义是什么。

和生命中的意外共处，意外的意是哪个意呢？意图的意，还是意义的意？从意图出发，那些意图之外的，是日常生活中的事与愿违，是行进途中的挫折险阻；从意义出发，那些意义之外的是什么意义，我们又该如何看待呢？在经济高速发展的现代社会，人们见证了许多物质生活层面的变化，一段时间里会被"拥有了什么"所吸引，关注、关切乃至迷失其中，以至于忘记了什么才是自身的存在。如果把自身的存在建立在"拥有"上，那么反过来自身也将被这些"拥有物"所束缚。偶尔停下来的时候不禁问自己，这一切都是为了什么？

意外的发生，有时候意味着失去一些"拥有物"。稳定的生活被打破了，原定的目标泡汤了，固有的信念动摇了……如果承托住了这种种变化，那么人生可能会出现一些意想不到的缝隙，新的光线得以照进来；如果没有承托住各种变化，那么就可能导致心理创伤或者心理障碍。作为心理学工作者，怎么看待对意外的承托呢？和意外共处需要具备哪些要素，又如何做一些有效的准备呢？

我学习、应用心理学将近二十个年头了。2004年，我抱着对人类心灵世界的好奇走进心理学系的课堂，后来经过对自身心灵的深度探索，以及多年的心理咨询一线实践和教学督导工作，我对心理学知识进行了整合。在这个过程中，我也经历了各种生活的变动，在人生的一些重要关卡上，过往心理专业所学和心理成长的历程，帮助我较为平稳地度过了。一些瞬间，我会忍不住想，如果不是在之前的学习和工作中拓宽了自己的内在空间，建立了一定的内在稳定度，习得了人际关系中的一些心理学原理，我能不能驾驶好生活这条小船，能不能远航也未可知。心理学极大地帮助我走向了成熟，为我保驾护航。所以我想，自己的一些对心理学的理解和实用技能运用，值得与读者朋友分享。

第一章，我会谈到常见灾难对人的不同方面的具体影响，以及从心理学的角度出发，谈谈当灾难发生后，人们通过哪些方式，可以更快更好地恢复。

第二章，我会从心理学的角度解析创伤是怎么发生的，以及基于这样的理解，疗愈会怎么进行。这章也会涉及比较关键的与情绪相处的办法，以及我们看待意外的几种角度。

第三章，则是介绍五类自我关怀的方式，通过它们帮助我们渡过心理上的难关。目前许多心理自助类的书籍都是翻译自国外的，较少提到基于中国文化背景的有益做法，作为中国的心理工作者，我将在本章加入本土资源。

第四章，我会从自我稳定感、自信、自我分化出发，解析内在稳定感的来源和修复方法。

第五章，我会从深层心理学角度出发，解析一些人际关系的心理学原理。遇见意外，一个人的帮助系统是面对意外的重要力量来源，这一章将介绍一些与帮助相关的内容。

每一场意外，都蕴含着一个潜在的救赎。希望通过本书，能够让更多的朋友接纳意外，认识意外，并最终得以和生命中的意外共处。

Part 1

那些不期而至的，
如何改变我们

心理治疗的主要目的，并不是使病人进入一种不可能的幸福状态，而是帮助他们树立一种面对苦难、哲学式的耐心和坚定。

——荣格（Carl Gustav Jung）

对于不期而至的各种灾难，中国人并不陌生，汶川地震、河南水灾、重庆山火、新冠疫情等，有亲身经历，也有感同身受。一遇到灾难，中国人民团结互助的精神就会体现出来，内在的英雄气概也会被激发出来，形成一方有难、八方支援的宏大场面。一方面，人们会被这种英勇气概所感动和鼓舞，会感觉到被保护、有力量，另一方面，在度过一段艰难的时刻后，许多人也会感受到不同程度的疲软和耗竭。我们在新闻中看到，奋力营救他人后，救援人员会席地而睡，英勇的精神虽然是无限的，但人的精力毕竟是有限的。从心理学的角度来说，面对灾难，人们会调动内在的储备力量来应急，灾难和创伤会改变我们，可能让人更强大，也可能让人更脆弱。那么，如何度过这段特殊时期？本章将主要介绍以下几种典型情况。

01

突如其来的疫情与我们的心理

2020年初的时候,很多人准备回家或者已经回家过年,谁都不曾想到,一场突然暴发的疫情会如此巨大地改变人们接下来三年的生活。对病毒传染的警觉、对生命安全的担心、对家人健康的牵挂、对事业停滞的焦虑,以及因此引发的家庭冲突带来的失望、失去亲人带来的遗憾等,让人们的生活发生了翻天覆地的变化。这三年里每一个人都很难,据世界卫生组织(WHO)估计,此次大流行病导致全球抑郁症和焦虑症的患病率上升了25%—27%。

疫情带来的心理影响

疫情期间及疫情过后,作为一线的心理健康行业从业人员，我也感受到了社会层面心理咨询与治疗的需求在增加。疫情对一般人群的心理影响主要有以下三个方面。

1. 慢性压力

疫情与一般灾难对人们心理健康的影响不同，我们要防备的病毒肉眼是看不见的，但会以人们赖以生存的空气为介质，并通过呼吸道入侵，进而伤害我们的健康，因此让人防不胜防。这必然会激发人们在本能层面上渴望健康和害怕死亡的焦虑，生物自保的本能促使人们进入一个紧张的"战备"状态。然而，持续处于"战备"状态，很长时间都不敢真正放松，也会使人们形成长期、持续的慢性压力，导致我们的身体发生变化。比如，我们的大脑通过调整激素水平的方式进行"战备"，这些激素在长时间的激活状态下，会对我们的身体产生负面影响。

2. 孤独或冲突

人际距离，是个人在与他人交往时保持的社交距离。人际距离的疏远，毫无疑问会让很多人变得越发孤独，特别是对于独居的人和老年人而言。如果不能很好地缓解这种孤独感，它往往会演化成抑郁。疫情带来的活动空间受限，意味着人们的心理空间缩小、人际距离远离，不仅是不能出门学习和工作，通过探访朋友、徒步、爬山等疏解情绪的路径也在不同程度上受阻，消化情绪的心理空间也变小了。同时，对于另一些人来说，由于需要每天待在一起，又使得家庭冲突增多，冲突造成的影响被放大。

3. 认知功能下降

很多人说感染新冠后，记忆力、注意力集中的时间大不如从前了。的确，根据各国的研究显示，"长新冠"会引起认知功能障碍，俗称脑雾，其字面意思很形象：脑海就像被浓雾笼罩一样。它的主要临床表现为记忆力下降、专注力异常、注意力难集中、执行能力下降、思维加工速度变慢、学习能力下降、语言流畅度下降等。认知功能障碍也会导致沮丧、无力等消极情绪的产生。

以上三个方面的叠加，让很多人感到疲惫无力。笔者观察到，新冠疫情对儿童青少年的影响也不容忽视。比如，多次延期开学、复学时间不固定、因不能外出而活动受限等，不少孩子的情绪波动强烈，时而疑惑，时而烦躁，时而因影响学业而焦虑，等等。随着感染者数量的不断变化，不少家长的心情也像过山车一样此起彼伏，或担心，或愤怒，或恐慌……

由于不同年龄段的儿童青少年对情绪调节、身体反应等能力存在差异，因此面对疫情，他们也会产生不同的心理应激反应。

0—3岁的婴幼儿

该阶段的婴幼儿不一定明白现实层面的信息代表着什么，主要受抚养人的情绪氛围影响，从而出现各种行为上的变化。如主要抚养人因感染隔离，或表现出过度焦虑、烦躁，部分婴幼儿也会出现类似反应。低幼儿童由焦虑、恐慌等情绪引发的行为表现有：作息混乱、食欲减退、黏人或冷漠、哭闹不止、重复动作（如吸吮手指）、发育倒退（如原本会说句子，现在只能说单词；已经会如厕，但又出现频繁尿裤、尿床）等。

3—7岁的学龄前儿童

学龄前儿童正处在学会区分想象世界与现实世界的边界中，容易把一些现实世界的状况与想象世界的担忧相联系，比如担心这次疫情会变成世界末日、病毒会变成怪兽等。由于心理耐性、应变能力较弱，他们比较容易扩大外部的影响，比如父母只是咳嗽一声，他们可能会担心父母感染了病毒；有些儿童也会对父母产生过分的依赖，容易受惊、出现退行等。

7—12岁的学龄期儿童

学龄期儿童在认知层面已经能够吸收许多现实信息，也对疫情有了一定理解。一般情况下，他们不会特别关注疫情信息，但如果家人因感染隔离，或家人表现出过度恐慌、悲伤等情绪，儿童往往也会受到影响，出现由焦虑、困惑与恐慌等情绪引发的异常行为。例如，过度担心自己和家人的健康、容易哭泣、莫名烦躁、易激惹；注意力不集中、害怕上学；反复洗手、清洗物品；入睡困难、做噩梦、黏人等。

12—18 岁的青少年

青少年已经具备一定的认知能力，可以理解较多的客观现实信息，并可以进行自我调适。他们的表现已经和成人比较类似，但因为处于青春期，情绪波动相对较大，他们可能会出现情绪低落、焦虑愤怒、发脾气、头痛、身体不适、莽撞冒险等表现。对青少年来说，发展与同辈伙伴的关系、建立自我同一性、尝试离开父母、逐渐清晰"我是谁"是很重要的。然而受疫情影响，他们不能去学校和同学相处，不得不与父母长期待在一起，这会让青少年内心的冲突增加。同时，由于青少年的学业压力很大，疫情期间的居家学习环境打破了常规的学习模式，可能会给青少年带来额外的心理压力。

并非所有儿童面对疫情都会出现强烈的应激反应，大部分儿童都可以维持正常的学习和生活状态。不过年龄越小的儿童，越容易受到父母等家人应激反应的影响，而出现情绪、行为的变化。因此，家长对于疫情保持积极冷静的态度，稳住身心健康，是儿童能够平稳度过疫情期的最基本保障。

在有限的物理空间内，扩大心理空间

对于外部因素的袭扰，每个人都拥有一定的自我调节能力、自愈能力。疫情中间和疫情结束后，每个人都在尽力地调整自己的状态，有的人调整得好一些；有的人调整能力弱一些，心理健康状况受到了影响。若想完成心理的复原，则需要时间和空间。现在，让我们一起来看一下，人们对于情绪感受会采用哪些自发的调节方式：

·向朋友倾诉。朋友提供了一个可供倾听的心理空间，帮助我们获得除自我心理空间外的另一个空间，从而使倾诉者可以获得一个能够面对和梳理糟糕情绪的地方。

·亲近自然。大自然是一个天然的疗愈空间，比如山顶有开阔的视野，甚至可以看见整座城市。这无疑创造了一个自己坏情绪也无法占据的广阔空间。

·运动。运动可以促进人体的多巴胺分泌，从而使人心情舒畅，缓解紧张焦虑的情绪。人们可以通过徒步、慢跑、爬山等方式，获得一个由多巴胺调节过的、更稳定、愉悦的心理空间。

·听音乐。选择一种符合自己心境、能够引起共鸣的音乐，帮助自己抒发自身不足以消解的情绪感受。通过音乐，打造一个可以承载、流动、表达和释放不良情绪的时空，从而将不舒服的感受下降到容易接受的程度。

除了上述几种方式，还有其他表达性艺术心理治疗，不论是借助画画、书法、舞蹈、戏剧，还是手工、泥塑、沙盘游戏、沙屈等，这些不同媒介的本质，都是通过创造自愈的时空来辅助个体的复原。

反过来说，如果个体没能找到这样一个空间，或者留给心理复原的空间相对于需要化解的心理内容、情绪感受来说太过狭小，那么个体自愈的过程就会被卡住或受限，就比较容易出现一些情绪问题，甚至会引发关系问题或心理危机。

认识了这一本质，再来看待突如其来的疫情对人们心灵的影响，我们就很容易理解了。

如果对情绪有较好的觉知能力，能够看清和接纳这些感觉，那么这些疲惫和无力有了一个被消化的空间，就会逐渐淡去。如果没有较好的觉知能力，通常人们就会通过一些别的途径来防卫这些不舒服的感受，比如采用攻击性的方式来表达不满，导致家庭矛盾升级；通过抱怨基层组织的无能，来投射自身的无力感等。

2023年的"五一"小长假，人们出行热情高涨，景点爆满，车票售罄。从现实意义上来说，大好河山确实美丽；从心理意义上来说，五天假期也意味着人们有了自由的时间，可以通过旅行、去他乡等方式，抵达一个能够释放过去所承载的悲伤、难过的空间，这就是在寻求复原的心理空间。

另一方面，一些人体会到疫情也让人们的脚步放慢了，在家办公省去了通勤时间，减少了无效社交，社会的内卷被迫放慢，个人独处的时间增加了，开始有时间和空间思考自己真正想要的是什么。而正是这种深度的思考，让人更加成熟和沉稳。居家时间的增加，也使伴侣之间相互照顾的行为增多，有了更多的时间沟通，为关系的成长打开了更大的空间。所以归根结底，逐步扩大自身的心理空间是很有意义的。

如何实现心理扩容

如何在一定时间内，扩大一个人的心理空间，并能够逐渐容纳各种不确定性呢？

这就要像健身一样，通过有效锻炼来提高肌肉的耐受性，对"心理肌肉"的锻炼也可以提高心理的耐受性。我们不难发现，从这个角度来看，心理扩容这件事就像一种修炼，从情绪、情感、情结入手，通过探索内心、理解自己，从而腾出更多空间。如果一个人懂得在日常生活中修炼，那么当意外降临时，他平时打造的自我空间就会发挥作用，帮助他与生命中的各种意外共处。笔者很赞同心理学家荣格的一句话，他说："心理治疗的主要目的，并不是使病人进入一种不可能的幸福状态，而是帮助他们树立一种面对苦难、哲学式的耐心和坚定。"诚哉斯言！有意思的是，中国人一直有在生活中修行的传统，儒家的"诚意、正心、修身、齐家"，道家的"为学日益，为道日损"，佛教禅宗的"化烦恼为菩提"，不难发现，这些都是在说心理扩容，提高生命境界，以更好地与生命中的种种意外相处。

◆ 小练习：

你在日常生活中，是通过哪些活动来为自己营造有益的心理空间呢？试举三个例子。

02

地震、洪灾、火灾等灾难的影响

2008 年的汶川地震至今令人难以忘怀,那也是心理工作者首次进入灾难现场进行心理危机干预,这件事获得公众极大的关注并引发了讨论。地震、洪灾、火灾都会破坏我们的家园,并在短期内极大地影响人们获得生存资源的能力,还会对人的心理带来一系列的影响。

当地动山摇

科技和医疗的发展很多时候带给我们一个假象,以为现代人已经能够上天入地、下海登极,做到了很多古人完全想象不到的事情,克服了很多不确定性,攻克了一个又一个医学难题,好像世界的一切尽在掌控之中。实际上,我们生活在这蓝色的星球上仍有许多不确定性，地震无疑就是一个让人类感到自身渺小和力量有限的灾难性事件。人们可能每天关注天气预报，但不可能天天关注地震预警。因为天气是多变的，而大地在大多数时候是让人感觉稳定的。想象一下，如果每天醒来都要重新确定大地是不是安稳，那么我们的生活会是多么动荡？所以，大多数时候人们都会默认我们生长于斯的大地是稳定的。这就有点像人们不会每天提醒一遍"自己有一天会死"一样。

基于这样的前提，当大地真的开始晃动的时候，给人们带来的冲击是非常大的。而且在地震发生的时候，人们能够采取的应对措施也很有限，只能首先保证自己和周围人的生命安全。

一些研究显示，灾难发生当时及之后，当事人的情绪会经历一个变化的过程。灾难发生的刹那，很多人并不会产生害怕的感觉，有的人甚至没有什么情绪波动。人们下意识的首选行为，都只是为了保护自己和家人的生命安全。灾难发生后的一段时间里，地震生还者在大致评估自己的损失后，通常会选择立即开始搜索其余的幸存者。当应急救援组织开始进行营救工作，生还者对于救助人员均会报以信任和无条件服从，听从他们的指挥迅速聚集到安全地带。安全之后，地震生还者才会出现一些悲痛、紧张、恐惧和焦虑的情绪，体现为情绪上的剧烈波动。

值得我们这个时代的人庆幸的是，国家和政府在防灾、减灾、救灾方面的力量很强大。目前，大的自然灾难发生前基本都会有预警，可以及时组织人员转移，降低伤亡率。地震发生后,相关救援力量也是竭尽全力的,次生灾害的信息发布是及时的,对于灾后生产生活的重建也有一些安排。

当洪水来临

在暴雨期间,人们可能会感到天有不测风云,因而对未来产生恐慌和不安。一些老年人或独居者可能会因暴雨而被困在家中,孤立无援之下可能会感到孤独和失落。而当连降暴雨,导致洪水发生后,人们的生命安全首先会受到威胁,之后也会对人们的家庭、工作和学业产生严重影响,从而导致长期的焦虑和压力。

在生理方面,人们会出现失眠、噩梦、易疲倦、头疼、肌肉紧张、背痛、心跳加快、血压升高、食欲不良等生理反应。

在认知方面,人们会出现否认、自责、自怜自艾、无能为力感、高度紧张、不信任他人等现象。

在行为方面,人们会出现注意力不集中、逃避、打架、喜欢独处、时常回想起灾难场景、过度依赖他人等。

救援专家发现,受灾群众的典型反应有:脑海中会反复呈现灾害来临时的情境,如有人一闭眼,就出现房屋倒塌,洪水、泥石流一起滚下来的场景和画面;入睡困难,有一点声音就非常警惕,个别人还会号啕大哭、浑身颤抖、出汗;有人会感觉浑身不舒服,但又不知道哪儿不舒服,也有人不想吃饭、不想说话等。

当火灾发生

在火场这样特殊的环境中,在火焰、浓烟、毒气的刺激下,人们将会产生特殊的心理,表现在以下六个方面:

1. 从众与逆反。从众心理的表现是:没主见,随大流。如发生火灾后,别人向哪儿跑,自己也跟着向哪儿跑,他人的决心和判断成了自己追随的目标,放弃自己原来的判断而盲目追随他人、追随多数,从而导致群体聚集,甚至引起人群骚乱。而逆反心理是指在一定条件下,产生和客观事物发展规律背道而驰的心理现象,其表现是:不该在现阶段做的反而去做了。如在火灾发生后,不该打开门窗的反而打开了,致使新鲜空气或浓烟烈火进入,使火势迅速蔓延或高温烟气量增加;不该冲向浓烟区的反而冲向浓烟区,导致窒息死亡。

2. 向地与向隅。向地心理是指由长期生活习惯形成的,将大地作为生存根基的心理。发生火灾时,人们都会自觉或不自觉地从楼上往下跑,一直跑到室外安全的地面为止。然而,当烈火封住出口、逃生无路时,人们的向地心理导致的行为之一就是跳楼。在火灾中,很多高楼层的受困人员经常会从几层甚至十几层的高处往下跳,结果往往非死即伤。向隅心理是指在火灾条件下,人们向狭窄角隅奔逃,以躲避烟熏火烤的心理现象。其往往表现为钻床下、躲在狭窄死角处。向隅行为导致的结果多为悲剧,凶多吉少。

3. 恐惧与绝望。处在火灾现场的人们,尤其是没有经过特殊训练的普通人，很容易产生不可抑制的恐惧心理，这也就是常说的惊慌。惊慌之余，想到火灾危害，便会产生不知所措的心态：想逃，怕选不准安全通道；想避，又不知道哪里是安全之地。平日心理调节能力差且对火灾安全逃生知识一无所知的人，更是如此。

惊慌惧怕的心态，还会引发人们的非理性思维。非理性思维会导致判定失误，出现错误行为。随着火灾发生时间的推移，人们的心态会由惊慌不安转为惊恐惧怕。面对浓烟烈火，面对人群的纷乱骚动，人们会深切感受到生命将受到严重威胁，因而产生不敢面对伤亡的强烈惧怕感。强烈的惊恐、惧怕心理会干扰人们的正常思维，减弱理性判断能力，失去与烟火拼搏的精神和勇气，导致束手无策或丧失抗争能力，从而产生绝望心理，在火灾中常常表现为跳楼、躲在床下等死等。

4. 退避与趋光。退避心理是指出于对某一事物的恐惧而想要躲避的一种心理现象，表现为：人们在遇到烟、火时会向反方向奔逃。特别是当发生室内火灾时，人们总是尽力往外跑。即使是处于安全地带的人，也要向起火的相反方向躲避。一些火灾现场的痕迹印证，在退避心理的驱使下，人们反而往往难以逃生。

趋光心理是指在黑暗的环境中，人们往往把一丝亮光视为希望的标志，从而向亮光处靠近的一种心理趋向。在火灾现场，浓烟遮住了人们的视线，或者照明灯熄灭，将人们一下子抛到了黑暗的环境中，每个人都会感觉不适应和惧怕。此时，人人都会产生奔向能见度好、明亮之处躲避的趋向。通常烟雾少、能见度高的地方，大多是距起火点较远的一方，如有安全疏散通道，奔向明亮方向逃生无疑是正确的。但如果这个方向是火势蔓延的主要方向，那么虽然能暂时减轻烟热的危害，但随着时间的推移和火势的发展，此处却可能成为最危险的地方。

在实际火场中，有时走廊或楼梯的一段会被烟火封住。对此种情况，如果在采取防护措施的情况下冲过这段光线昏暗处，那么逃生是大有希望的。因此，火灾中仅具有单纯的向光性是不可取的，应该在理性的判断分析基础上，慎重决定躲避的地点和逃生方向。

5. 侥幸与冲动。侥幸心理是人们在面临灾祸时，出现漫不经心、轻信事情不会那么严重，或者抱着车到山前必有路的态度，而不是冷静、沉着地采取应对措施的一种心理趋向。侥幸心理是正确判定的大敌，身处火场中的人们必须首先排除这种心态，切勿让其干扰理性的思维和正确的判定。

火灾发生后，人们的惊慌以及火、烟、热、毒等因素的作用所引发的惧怕与茫然，会使人做出不理智或盲目的冲动行为，如跳楼、呆住不动、乱钻乱撞或大喊大叫。火场心理研究证实，乱跑乱窜、大喊大叫等行为不但会使自己陷入危险境地，还会扰乱他人的冷静思维，加剧其他逃生者的茫然心理，导致更多人的效仿，从而使火场中的人们发生骚乱而难于疏导和控制。

6. 混乱与主观。混乱常起于几个人的乱跑乱叫，从而带给周围的人以强烈的影响，进而诱发更大的混乱。社会心理学认为，一个群体的情感状态会随着群体中某个人的乐观、悲观、恐惧等因素而发生变化。从非理性心理可以相互感染的观点来看，聚集的人群会更容易产生悲观情绪并受其影响。悲观情绪占上风的群体也最容易出现反常的举动。当火灾发生后，人群中出现混乱状态造成的危害极大，它会严重干扰人们的正常思维，出现非理性举动，如干扰正常的引导疏散和消防救护。

一些人在火场逃生时，由于对逃生方法和路线不熟，对火势的实际情况了解很少，会纯靠主观臆断或不切实际的幻想而盲目行动。而且，这类人在火场上最不愿意听从别人的规劝和指挥，因而往往容易陷入最危险的境地。因此，发生火灾时听从现场工作人员的指挥，冷静地判断火灾实际情况，才是最可取的。

火灾发生时，上述的几种心理会严重干扰自我逃生和安全疏散，使火灾受困者在外界条件的影响下失去正常的分析、判断能力，由此导致非理性的错误行动。尤其是在公众聚集场所发生的火灾事故，往往会造成人员的群死群伤。为避免这种现象发生，除了建立健全消防法规、落实消防安全责任制、健全建筑物本身的消防安全措施，民众还要积极参加消防安全培训教育工作，掌握消防安全知识，从而在突遇火灾时保持良好的心理素质，避免在火灾中产生上述非理性心理和错误行为，提高抵御火灾的能力和自救能力。

当灾难发生，心理反应与应对

生活多年的家园顷刻之间坍塌，生产生活节奏被打乱，人们会本能地调动自己的能量来应对危机。心理学家研究发现，人们对灾难的心理反应通常会经历四个不同的阶段。

一是冲击期或休克期。发生在危机事件后不久或当时，个体主要感到震惊、恐慌、不知所措，随后就会出现意识模糊、判断力下降等现象，或者脑袋里面一片空白。

二是防御退缩期。由于灾害事件和经历的情境超出了自己可以应付或承受的能力范畴，人们为了恢复心理上的平衡，会控制自己的焦虑和情绪紊乱，本能地启动包括"心理隔离"在内的自我保护机制。譬如，会出现否认、退缩和回避等；将其经历合理化；高度警觉、神经质逃跑；漠视危险的存在；控制悲伤的表达等表现。

三是解决期或适应期。灾难发生一段时间以后，人们开始接受现实，能够采取积极的态度面对现实，并寻求各种资源，设法解决灾难事件造成的问题，焦虑情绪逐渐减轻，自信心增加，社会功能逐渐恢复。

四是危机后期或成长期。多数人经历了灾害性危机后，会变得更为理性，在心理和行为上变得较为成熟，开始通过一些途径获得积极的应对技巧；也有一些人虽然度过了危机，但留下了心理创伤；少数人没有采取有效的应对，会出现冲动行为、焦虑状态、抑郁状态、分离（转换）障碍、进食障碍、物质滥用,甚至自伤、自杀等,这种情况就需要求助心理医生,进行专业的心理治疗。

了解了这样的心理规律,我们对处于冲击期或休克期的各种生理和心理现象,可以抱有更多的耐心,并主要做好以下六点:

1. 接纳并表达情感。在灾难发生后,我们可能会出现各种负面情绪,这是正常的反应。尝试给自己点时间和空间来释放悲伤、愤怒,慢慢将情绪表达出来。情感的合理表达,是排解灾后心理困扰的第一步。如果情绪的冲击确实较大,使我们处于休克期或防御期,那么我们多一些关于日常生活的简单交流,也胜过完全封闭,这对之后的心理恢复也是有意义的。

2. 与他人分享,相互支持。个人在社会关系中所能获得的、来自他人的物质或精神帮助,即社会支持系统。它是恢复个人心理健康的重要因素。通过与邻居、家人、朋友和志愿者建立联系,分享自己的经历和感受,获得他们的支持和安慰。

3. 重建新的希望。灾难发生后,为了人们的人身安全,政府部门会安排人们离开所在区域,集中安置。等到灾难过去,人们又陆续回到家园,虽然损失可能很大,但在援助队的帮助下,一起回去面对现场是哀悼的重要一步,也是灾后重建和恢复的重要一步。把注意力投入到重建家园中,可以减轻我们当下的恐惧和焦虑感;参与修复受灾地区的工作,可以给我们带来成就感和希望。与此同时,重建过程中也要注意平衡个人需求和社区需求,避免过度劳累和压力过大,合理安排休息和放松时间。

4. 恢复日常生活。尽早重建日常生活的正常节奏，有助于稳定心态。制订可行的计划，逐步恢复正常生活中的工作、学习和娱乐。

5. 寻求专业帮助。如果你觉得自己无法从创伤中走出来，或者无法处理日常事务，请你主动寻求专业心理健康服务。心理健康专业人士有丰富的经验和专业的技能，他们可以提供必要的心理支持和治疗。需要服药的情况下，在医师的指导下使用精神科药物也可以起到帮助。

6. 心理急救小技术：蝴蝶拍。双手在胸前交叉，像蝴蝶拍打着翅膀，又像母亲安慰孩子一样，轻轻拍打自己双侧的肩膀。蝴蝶拍是一种集想象和呼吸为一体的放松法，不仅能够有效地放松身心，缓解紧张、焦虑、疲惫，帮助提高睡眠质量，还能训练集中注意力，运用积极的自我暗示去调整我们的负面情绪。

读到灾难新闻时，要注意什么

有人说，在世界每个民族的神话传说里都有大洪水的故事。西方神话中有人根据神的指示打造挪亚方舟，中国的神话里是人们想尽办法，通过自己的力量治水成功。到了现代，大的集体性灾难往往会牵动很多人的心。中国人骨子里有"一方有难，八方救援"的民族精神，会在灾难后毫不气馁、团结一心地努力重建家园。很多人虽然不在灾难现场，也没有参与现场救援，但通过媒体报道也会受到创伤性事件的影响，从而感到哀伤、焦虑和恐惧。

我们既为平凡人的英雄之举感动，也为罹难者而感到伤痛。但如果长期、大量地关注灾难信息，同情心导致的代入感也会让人忧心、焦虑，这就是"共情伤害"。如果工作和生活因此受到影响，那么我们最好减少相关信息的浏览，优先照顾好自己的生活。建议每天通过官方媒体适当关注就可以了，避免"共情伤害"的发生。

如果因为灾难报道而激发了自身过去经历的创伤记忆，那么我们就需要及时寻求社会支持和专业心理支持，使其成为一个心理成长的机会。

03
亲人意外离世，怎样告别

亲人离世的伤痛感，或早或晚每个人都需要承受，只是时间点不同，所经历的悲痛程度不同。平日里很多人不愿意去思考这件事，觉得一切还远着呢。但意外的来临，会打破我们这种幻觉。

怎样陪伴亲人走过临终阶段

记得多年前，我一位朋友的母亲得了癌症，医生说已经不需要手术了，言外之意是时日无多。朋友知道我研究心理学，前来询问我，是否应该告诉他的妈妈实情。当时我也拿不定主意，便就此咨询了我的老师、心理分析博士曹昱。曹老师认真地与我讨论这种情况，她的真知灼见至今让我印象深刻。

她说:"好多家属可能并不知道,许多病人其实不期待家属帮他做什么来面对死亡的恐惧,只要不添乱就行了。家属们做好面对亲人死亡的恐惧,就是帮大忙了。但这些病人又不能告诉家属,免得伤了亲人的心。所以很遗憾的是,许多病人觉得反正自己已经快死了,不如为亲人尽好最后的义务,把最后的时光和生命都用来成全了家属的愿望。比如接受各种抢救,并忍受痛苦,显得很乐观,表现出感到被爱的样子,让家属本人及社会都觉得家属已经仁至义尽了,这样自己死后家人就不会活在内疚懊悔中。这就是好多癌症病人为自己所爱的人留在这个世界上的最后一份礼物……

"如果家属愿意,我们可以先做家属的心理干预,让他们准备好面对丧失。在这种时候,想帮忙一定要懂得一个道理:如果不能使事情变得更好,至少不要使事情变得更糟。面对身患癌症或者其他重症的亲人,死亡问题就摆在我们眼前,所有人都会下意识地对此做出预测,这是不以人的意志为改变的。所以癌症患者的内心都有冲突的两部分:一是自己会幸存,或者患癌症根本是个错误的检查结果,另一个是自己不久就会死。真正的办法不是去压抑第二个部分,而是在内在创造一个不拒不纳的更大空间,把冲突的二者承载于一体,容许其并存。这样,就算没有发生超越性的转化,至少病人不用把心力消耗在用一个部分打败或消灭另一个部分了。

"如果我们一味强调勇敢、积极、乐观,实际上,生病的亲人只能自己悄悄地一个人面对'我马上就死了'这种想法,表面上还要对人说：'我坚信我会活下去！'这是孤独而悲哀的。《西藏生死书》上也讲道，敢于面对自己对于临终的恐惧，才能真正地帮到亲人。和亲人一起面对临终的过程，也是开始做自己的死亡功课，开始思考什么最重要，开始对自己的生命负责任。

"临终的亲人可能会为一些未完成的事件而感到遗憾和焦虑，如果我们能够尝试帮忙，去完成他的未了之事，这会有助于亲人安详地离开。我们也看到一些情况，家属会感到内疚，会觉得亲人的故去是自己没有做好，没有多关爱他一点，我们以前有对不起他的事情，我们没有早点关照他。家属总是有一系列的假设，比如'如果我当时……他就不会死了'。这一系列的幻想导致家属觉得内疚。

"同时，临终者也会觉得很内疚。人临终了，对家人的爱会格外明显。他会觉得：'好遗憾啊，你看我都要死了，原来我那么爱他们呢，原来那些我恨他们的地方，与爱比起来是这么微不足道。我要是早点……就好了，我还想做很多可以表达爱的事情，因为要死了都来不及了，太可惜了。'

"如果爱没有被智慧地表达出来，却让内疚消耗了很多能量，这是非常可悲的。要是将这些能量转变成康复的能量，让爱流动起来，一起面对死亡，死亡就不那么孤独了。这个时候，这种爱的支持是不可思议的，即使经历很多纠结，人们也可以找到宽恕彼此的方法。临终者需要的是对他表达爱和接纳，越多越好。

"需要放下的，除了关系中的紧张，还有这个即将离开的人。人们若要安然地离去，往往需要从亲人口中听到两个保证：第一，允许他去世；第二，保证在他死后，生者会过得很好，自己没有必要担心。当人们问我如何允许某人去世，我就会告诉他们，想象坐在他们所爱的人床边，以最深切、最诚恳的语气，柔和地说：'我就在这里陪你，我爱你。你将要去世，死亡是正常的事。我希望你可以留下来陪我，但我不要你再受更多苦。我们相处的日子已经够了，我将会永远珍惜。现在请不要再执着生命，放下，我无比诚恳地允许你去世。你并不孤独，你永远拥有我的爱。'"

从否认到接收，哀伤的五个阶段

亲人的意外离世所带来的破坏力，远远大过于"预先知情"。临终关怀会带来一些慰藉，但有时候，人们是毫无心理准备地就遇见了这种终极别离。还有很多话没有说出口，还有很多该做的事情没有做，还没有好好告别，但一切都仿佛在那个死亡的瞬间定格，就有了很多遗憾。心理学家认为，不论哪一种亲人离世，都需要一个哀悼的过程。

心理学家伊丽莎白·库伯勒-罗丝（Elisabeth Kübler-Ross）于1969年出版的《论死亡和濒临死亡》中，提出了哀悼的五个阶段，总结了重症患者面对死亡时的态度：先是会否认自己即将死去这件事，随后会产生"为什么这要发生在我身上"的愤怒情绪,之后过渡到"如果当时早点看医生就好了"等让步心态,然后出现抑郁情绪,状态变得非常消沉,最后才能够平静地接受死亡。后来,随着这个理论越传越广,它原本的适用范围也逐渐模糊了。人们将理论解释的对象从自身的死亡扩展到了对他人死亡的态度,又进一步延伸到了更多日常生活的烦恼中,例如失恋、失业、破产等。目前,心理学界认为,每一个人哀悼的过程可能会有所区别,不一定完全按照这五个阶段来走,但不妨碍我们对这个影响力很广的"五阶段论"有所了解,从而对于自身的哀悼过程产生更多的理解。

这五个阶段分别为:

1. 否认。如:这不可能!
2. 愤怒。如:为什么是我!为什么老天这样对我?
3. 协商。如:如果我做 xx 或者不做 xx,能不能再给我一次机会?我一定会做好!
4. 抑郁。如:好难过。
5. 接受。如:好吧,生活还得往前走……

这五个阶段是一个完整的从防御慢慢走向接受的过程,每一步都是不容易的。接下来,我们详细看看在这五个阶段中都会发生什么。

否认看起来是一种自欺,但遇到重大刺激的时候,人们有时候需要否认来给自己创造出一个能够喘息,然后慢慢接受重大丧失的空间。有些人即便已经目睹亲人离开，内心仍然不愿相信这一事实。有些人会把逝者生前住过的地方和用过的东西原封不动地放着，或者将逝者的房间、衣服、个人物品都摆放整齐，甚至每天还多准备一双碗筷，好像他只是暂时离开了，会随时回来。这种情况就是不能接受现实，停留在否认阶段了。如果在这个阶段停留太久，那就是过度了，我们应该想办法鼓励生者继续生活。

当失去让人无力的时候，有时候愤怒会让人感到一些力量。所以，一些人通过愤怒提高精神力量来应对精神冲击。常见的内心想法，是"你怎么能抛下我而去？"人们会认为逝者本身没有照顾好自己才导致自己失去了亲人，因而为此感到愤怒，或者认为周围人没有尽到保护的责任而产生愤怒，归咎于急诊医生或临终时的医生，以及认为如果做到了一些事情，结果好像就会不一样。在这个阶段，接受死亡这一事实还是困难的。而疾病和死亡都像谜一样，人非全知全能，谁能够幸免呢？

协商阶段，在很多地方也被称为讨价还价阶段。应该说，这在情绪性分手后的哀悼过程中比较明显和常见。"如果我做到了什么什么，如果我改了什么什么，我们能不能不分手？"

重大的损失可能会引发各种各样的担忧和恐惧。例如，如果你失去了伴侣、工作或住所，你可能会感到焦虑、无助或对未来的不安，于是很多人希望通过更多妥协，或者希望说服对方重新接受自己。在亲人离世的情境中，死亡是一段关系的终点，再也找不到对方。相对应的是，对自身死亡、独自面对生活或独自承担责任的恐惧可能会被引发。但是通过和命运谈判，让一个人死而复生是不可能的。在这个时候，丧礼的举办就显得尤为重要。在有的文化里，认为丧礼不是给死去的人举办的，而是为了让活下来的人能够释放哀伤的心情，从而走入下一个阶段。人们可以在一起回忆、讲述与逝者有关的记忆，并从中感觉到被支持，看见除了亲人死亡这件事，还有别的人、别的价值。

抑郁阶段，是在所有尝试都失败之后的心路历程。这个阶段的特点是感到绝望，放弃无用的挣扎。这个阶段当然是不舒服的，弗洛伊德写过一篇著名的论文《哀伤与忧郁》，论述了哀伤和忧郁背后的心理动力学机制。他认为，哀伤是我们把能量投注在了客体身上，所以当客体离去时，我们就会感到自己的一部分能量也被带走了。哀伤的时候，人们知道自己失去了什么，并知道怎么去接受这个失去，但忧郁的时候往往是不清晰的。在我的心理咨询实践中，我发现亲人意外离世的哀悼过程一般需要一两年，如果当中还有一些未了的心结，或者生者与亲人心理空间相对融合，那么生者可能产生抑郁，这就需要更长的时间来调节了。

对青少年来说，他们更难面对亲人的去世。2021年有一部悼念亲人的片子《你好，李焕英》，剧中的主要人物在19岁时失去母亲，20多年过去了，这件事仍然对她有着很深的触动。其主要的一个原因是，青春期时一个人的人格还没有完全独立，所以失去亲人就像失去自我的重要部分一样。

每个逝者都有不同的故事，每个人与逝者的关系也都不同，所以哀悼是个既私密又普遍的心理过程。有时候，身处哀悼中的人会剥夺自己"幸福的权利"，觉得自己不该再快乐，但离开的亲人还是希望我们可以过好自己的生活的。

还有一部动画电影《寻梦环游记》，这部影片也探讨了亲人的死亡与缅怀这一主题，主要立足于生者与逝者间难以割舍的纽带。其中，有一句经典的台词让很多人深有感触："死亡不是永久的告别，忘却才是。"生者无从得知死后的世界，但重要的亲人仍然住在我们心里，这能够帮助我们带着力量继续前行。

如果能安全经历完以上四个阶段，能够与痛苦、绝望、抑郁共处了，对痛苦的恐惧减弱了，人们就可以尝试去拥抱痛苦，甚至把痛苦转化为财富，能够活得更加坚韧。

这就是悲伤的完整历程。我们不难发现，其中每一个过程都在为后一个过程做准备，积蓄力量，帮助人们度过情绪上感到悲哀、焦虑、孤独、无助、愧疚与自责的阶段，度过生理上可能会出现的疲乏不振、失眠、坐立不安、哭泣、食欲障碍、胸闷等艰难过程。

在哀伤中成长，在失去中理解爱

哀伤咨询师刘新宪原是企业高管，在一次意外中痛失16岁的儿子，他阅读了许多自助书籍，也见了很多咨询师，经过一段时间的疗愈后,他走出了丧子之痛,并致力于把哀伤咨询带给更多需要的人。他的一段话让我印象深刻,他说:"哀伤不是软弱,而是爱,是爱的代价,是人类极为宝贵的一种天性。在哀伤中成长,一直伴随着人类的前进。"

失去亲人的悲痛是普遍存在的,东方的智慧经典中也不乏与之相关的故事。

佛经中有这样一个故事,故事的主人公名叫乔达弥。她的爱子不到一岁就病逝了,乔达弥伤痛欲绝,抱着死去的爱子不撒手,逢人就问,怎样才能让她的孩子活过来,人们都嘲笑她是个疯子。最后,一位慈悲的智者告诉她,世界上只有佛陀那里才有答案。

乔达弥到了佛陀那里,把孩子的遗体放在佛陀面前,声泪俱下地哀求说:"尊者!求求你,让我的儿子活过来吧!"

佛陀倾听着她的诉说,然后说:"只有一个方法可以治疗你的痛苦。你到城里的住户家去,每一家住户收集一粒芥菜籽,然后拿来给我。要挨家挨户地收集,一户也不能漏,而且只能收集那些没有逝者的家庭的种籽。"

爱子心切的乔达弥立刻动身了。她敲响第一户人家的门:"您家里有芥菜籽吗?只要一粒。您家里曾经有亲人逝去吗?"

"我家曾经有深爱的亲人逝去,所以不能给你芥菜籽。"第一户人家如此回答。

她又走向第二户询问,得到的回答是:"我们家有许多位的亲人都逝去了！"

她又走向第三家、第四家……乔达弥敲遍了全城人家的门，最后失望至极。她无法满足佛陀的要求，没有带回符合要求的芥菜籽，哪怕一粒。乔达弥只好抱着爱子的尸体，到山上的坟场火化了。和爱子做了最后的道别后，她两手空空地回到佛陀身边。

"你带回芥菜籽了吗？"佛陀问道。

"没有，"她说，"悲伤让我失去了理智！我明白了，每一个人都曾经有过亲人逝去的经历，不只是我。"

从心理学角度来看，当我们知道人人都会经历一种痛苦，这能帮助我们拓宽对这种感受的容纳能力。在我自己的家族中，也有一些亲人意外离世的悲伤故事。我的奶奶一共有八个孩子，却只有三个活了下来，所以她一生中因为孩子的夭折而流了许多眼泪。当我开始进行深度的心理成长，开始接触到家族重要事件中的心理能量，在深度体验中，我也感觉到了奶奶巨大的悲痛感，以及希望孩子能够活下来、健康长大的殷切期盼，更加理解了家族中小心谨慎的氛围。因为失去过，知道那种感觉很痛，所以后来对待生命的时候更加用心。在我小的时候，奶奶给了我很多爱，也没有因为我是女孩而不重视我。奶奶去世的时候我很难过，但她的爱一直陪伴我到现在。每次我想到她时，我便觉得她还住在我的心里。

和一些人一样，我也在新冠疫情期间失去了亲人。当发现

99岁的爷爷阳了之后，家里人都很着急，但新冠病毒对高龄老年人的影响还是很大的，我们最终没能留住他。当我看到他基本失去意识后，我在心里逐渐做好了告别的准备。我想，一个生命活着，能不能活出自己的意愿是很重要的。爷爷一生正直、善良、勤勉，受到人们的尊重和爱戴，他活出了一种德行，他也给了我一生难以忘怀的、灿烂美好的童年时光。而我愿意内化他的品质，在我自己的身上活出他的精神来，有缅怀在，我们的心灵便没有真正地分开。

哀悼的能力，也是成长的能力

人的每一步成长都伴随着失去。出生意味着我们失去了母胎内"衣食无忧"的生活，开始感觉到空气中的寒冷，也开始了饥饿时需要啼哭才能召唤奶水的阶段；上学了，意味着离开家独自面对集体；进入青春期，意味着不再像儿童期那样奶萌惹人爱；上大学了，意味着结束了专注高考分数的日子，而要面临更多的选择；工作了，意味着需要在社会上饰演自己的角色；遇事时需要是个大人，意味着失去了"不知天高地厚"的日子。哪怕是结婚这样看起来会被大家纷纷祝福的人生重大事件，其实也是一个重大的丧失——失去了单身的轻松自由，失去了与其他异性建立亲密关系的机会。对女生来说，从娘家嫁入婆家，婚礼上既有聚合的喜悦，也有离别的眼泪。未来成为父亲母亲，让人快乐也让人烦恼，还意味着真正地与"天真少年、青葱少女"告别。35岁之后，人的体能开始走下坡路，也许将会迎来中年危机，给人带来无尽的失落。

你看，人生就像是坐上了一趟不回头的列车，每一站有每一站的风景，每一站的风景不同，相同的是"一去不回头"。所以，人生的每一步都可能多少伴随着不如意，也因此每一步都需要哀悼的能力。既然是一种能力，每个人的能力大小也有所不同，我们在一次次告别中逐渐发展出告别的能力，不再幻想"只得不失"，那么从这个角度来看，失去就未必是可怕的。失去是相伴一生的，也是我们可以练习与之共存的。

◆ 小练习：
　　回顾自己的成长过程中，有哪些"与过去生活告别"的体验？哪些是顺利的？当时你都做了什么；哪些是不顺利的？是什么导致了这样的不顺利？

Part 2

以觉察的力量
疗愈身心

古人学问无遗力,少壮工夫老始成。
纸上得来终觉浅,绝知此事要躬行。

——《冬夜读书示子聿》(南宋)陆游

意外来临的时候,国家和社会的减灾和救灾系统积极发挥着作用,努力保障公众的基本生存需要、安全需要。但身心系统受到的冲击以及冲击带来的各种感受,是需要个体去经历、消化的,如果个体无法及时地消化这些感受,就会形成创伤。

创伤,这个已经广泛进入现如今日常生活的词汇,在心理学中的源流是什么样的?19世纪末期,法国的神经科医生让-马丁·沙可对歇斯底里症状进行了科学性的观察和分类,而后他的学生弗洛伊德得出结论:歇斯底里是由心理创伤造成的。心理创伤在第一次世界大战和第二次世界大战后备受关注,人们发现退伍老兵存在闪回、易怒、情感麻木和高度警觉等症状,这些症状会影响他们恢复正常的工作与生活。最近几年来,心理学家和精神病学家通过观察创伤后的最常见症状,将创伤后的反应分成两大类:创伤后应激障碍(PTSD)和复杂性创伤后应激障碍(CPTSD),前者是由单一创伤性事件引起的;后者是由多次创伤事件引起的,有的甚至可追溯至童年。

在第一章的内容中,我们不难发现"和生命中的意外共处"伴随着对情绪的体察、体认,这一点和人们"逃避痛苦"的本能是相悖的,如果不经过一定的练习,我们要做到这点并不容易。觉知是一个决定,更是一项能力,好在经过学习和实践,人们对身心系统的觉知会成为一种可能。觉知是调整的开始,所以本章就对身心系统运转的觉知进行论述。

04

创伤后应激障碍的外在表现

创伤后应激障碍是指个体在受到异常强烈的灾难性刺激或精神创伤后,数日至半年内出现的精神障碍。个体在经历严重的创伤刺激后,会出现惊恐等严重心理反应和急性应激障碍。有时创伤经历者会无意识地经历创伤重现,如感觉自己分裂了,或整个人不受控制。有过创伤经历的儿童经常会出现类似的症状,这是他们面对令其感到恐惧的事件(如强奸等)时的自我保护方法,属于创伤性解离。创伤性解离是心理反应中最严重的症状,如不及时干预,经常会导致创伤后应激障碍的慢性后遗效应。

当创伤性事件带来的伤害特别大时,急性创伤应激反应不会逐渐消失,这些心理症状将持续下去,变成慢性创伤后应激障碍。它包括三个阶段,分别是闪回、回避行为和自主神经功能亢进。

闪回

闪回，是指受害人每次不由自主地想起创伤事件时，他们的情绪和经历创伤时的感受相似（感到恐惧、悲伤或愤怒）。记忆中浮现的画面会再次让他们感到恐慌，并感到"不幸会再次发生"。这些画面会反复出现，并成为危险的信号，使身体自动进入警戒状态。为了逃避自身的情绪，个体会避免有关创伤性事件的回忆，因而出现回避行为或控制（确认）行为。

回避行为

回避行为是创伤后应激障碍的典型症状。个体会自动回避经历创伤性事件时的感觉和情绪，不愿意想起自己差点死掉或被人杀掉。个体还会回避一切使自己想起创伤性事件的场景或想法（对话、新闻、报纸）、与创伤直接相关的刺激（如受到侵犯的地点、武器）或间接有联系的事物（声音、某类人）。受害人想方设法逃避自己的情绪，没有积极情绪也没有消极情绪，变得麻木冷漠。此外，直面死亡的经历使受害人对未来感到不确定，并认为对未来的规划是无用的，如产生"没有用的，生活就是无常"等想法。行为及认知上的回避，都会使人无法接受和解决问题。

自主神经功能亢进：身体的持续警戒状态

当个体的人受到死亡威胁时，恐惧就是一种情绪信号：身体会立即做出反应，进入警戒状态，如心跳和呼吸加速、肌肉紧张等。危险过后，身体逐渐恢复正常。但极度恐惧时，人的身心感受很难释放出来，会产生害怕、恐惧、羞耻、厌恶等情绪反应，还会联想到某些经历。这些经历会让人有危险临近的恐惧感，一旦感觉"危险临近"，身体就会做出相应的战斗或逃跑反应，一有风吹草动就会惊吓不已，变得十分警觉和暴躁。为了避免自己进入这种状态，个体会警惕和逃避类似的场景。因为总感觉到危险和恐惧，害怕失控，所以个体变得十分暴躁、易怒，并因无法保护自己和控制自己的行为而产生负罪感。

以上这些是遭受创伤后的正常反应，因为经历突发事件时感到恐惧是正常的。由于害怕再次经历创伤性事件，个体想要不惜代价地自我保护，逃避所有和创伤性事件相关的事物，也会因为曾经没有保护好自己免受创伤而有负罪感。恐惧会引发身体的恐慌反应，如经常做噩梦，上床睡觉时很焦虑，电话铃响、有人在街上大喊或有同事突然造访就会受到惊吓等，这些都是正常的。如果个体的调节功能正常，症状会在几周或两三个月内逐渐减轻，个体可以重新恢复社会功能，睡眠恢复正常，噩梦也不再那么频繁出现。

我们在第一章里提到过，时间和空间这两者本身构成了容器，所以一些人在创伤经历后需要数月来平复具体事件带来的感受。这段时间里，他们很需要亲朋好友的理解和支持，因此，不要急着让他们从这种状态中走出来。如果情况确实比较严重——时间和空间都不足以修复，同时由于死亡带来的恐惧感特别强烈，个体的情绪剧烈波动并不断想起创伤发生时的画面，感觉没有办法控制自己的生活，那么个体就需要寻求专业人士的帮助了。

05

理解创伤，释放身体的情绪能量

从心理学原理的层面来看，心理创伤是怎么发生的呢？

我们在前面提到，创伤后应激障碍是因一件事引发的情绪强度过大，大到超过了我们心灵空间能够承受的范围。心灵无法涵容如同洪水般的情绪，就像一个瓦罐无法装下太多水，水就可以破坏瓦罐，也会流到瓦罐外面。因此，在旁观者眼里，这个人看起来有些情绪失控、不能自主，或者对某个日常事件有些反应"过度"——创伤体验会干扰个体对现实的感知，从而做出一些不准确的判断。如果经历过躯体虐待、性侵、霸凌等灾难，强烈的恐惧和悲伤就会影响其基本的自我功能：无法上学或上班，有时还会表现出一种情感抽离般的冷漠，看起来没有情感，整个人呆呆的、木木的，这是因为有些经历被压抑到无意识深处，从而表现出对创伤事件遗忘的状态。

复杂性创伤未必是由某个具体的大事件导致的，主要和日复一日的不健康互动有关。比如，家长忙于工作而没有时间过问孩子的生活与学习，或者不懂得如何维护亲子关系，当学校把压力给到家长的时候，家长出于自身的自尊需求和情绪需求等，把压力转移给孩子，经常和孩子说"你看看谁谁家的孩子，怎么就比你好"等。这些看似平常的小事件，日积月累后，会给孩子带来挫败感，从而让孩子在特定的方面变得更加敏感、情绪容易为之失控。

很多人误以为心理创伤只是一个精神问题，或者只是脑内功能失调，实际上心理创伤与我们的身体也有着非常紧密的关系。同样，疗愈不仅仅是精神、心理层面的，也会伴随着身体能量的释放。

其实，在大自然中，动物也会面临各式各样的危险和惊吓。草原上的小型动物被大型动物追赶时，也会有强烈的恐惧表现，比如出现木僵状态，通过"装死"来蒙混过关。但动物多依凭本能来处理这种情况，通常在大型动物离开后，小型动物会剧烈抖动自己的身体，来释放刚刚因为惊吓带来的恐惧能量。人类有时候也通过身体的抖动来释放能量，只不过人类的前额叶越来越发达，通过逻辑思考后，通常会用理性来解释自己的困境。但有时候，思考反而会打断来自身体层面的本能修复。再者，人类因为会思考，所以在有了一种强烈的感受时，往往会伴随着这种感受产生一些特定的信念。比如，一个孩子在遭受严厉批评时，感觉到害怕甚至恐惧，可能由此产生"我是不安全的"或者"我是不被接纳的"之类的信念，这些信念在相似的情境中一次次得到"验证"，从而在心中形成一个印象或一个情结，导致这个孩子在日常生活里需要额外地去做一些事情，来抵御由"我是不安全的""我是不被接纳的"这样的信念所带来的痛苦感。从修复创伤这一点上看，我们应该向动物们学习：当那些情绪重新被唤起的时候，试着从身体入手，用当前的容器去容纳过去不曾容纳的部分。所以，修复创伤的方式本质上并不神秘。

美国心理治疗专家彼得·莱文在《心理创伤疗愈之道：倾听你身体的信号》一书中，结合自身在车祸中受重伤的经历揭示出，不是所有意外事件都会造成创伤后应激障碍。创伤后应激障碍最重要的一个判断是，在事件发生后激发起的巨大的身心能量，能不能及时地得以释放。以色列的阿里耶·沙莱夫基于一项关于创伤的调查研究发现，如果病人离开急诊室时的心率恢复到正常水平，那么他相对不会发展出创伤后应激障碍。换句话说，出院时心率依然很高的病人，更有可能在接下来的时间里发展出创伤后应激障碍。

基于此，心理咨询师可以做哪些工作来帮助有创伤经验的人群呢？要点在于帮助他们释放那些储存在身体层面的情绪能量。

专业人士拥有心理创伤相关的知识储备和处理创伤的经验技能，更重要的是专业人士对创伤性材料有一个更大的心理空间。作为一名心理咨询师，我花了十多年的时间进行个人成长，处理自身在整个成长过程中或大或小的创伤与情结。每当我看清楚一个创伤事件或者创伤模式背后主要蕴藏着哪些情绪，又在咨询师的帮助下，重新容纳和整合这些情绪，我就获得了更大的心理空间，可以"抱持"住来访者的创伤情绪和创伤材料。我可以将空间"借"给来访者，帮助他们转化那些承载不了的情绪。

来访者小敏在童年时期曾有过一些被虐待的经历，父亲觉得她不听话的时候就会打她，而且不让她哭。当时的小敏把伤心愤怒、恐惧紧张这些情绪都压抑了下来，存储在身体里。与此同时，小敏的身体为了自我保护，常常呈现出一种肩膀内收、耸肩驼背的形态，就像随时防范着有人打她一样。在心理咨询进行一段时间后，小敏终于能够谈起小时候被打的经历，她感受到了心脏处的悲伤、腹部的愤怒和背部的恐惧紧张。随着对身体感觉的关注，小敏通过流泪宣泄了愤怒，通过顿足宣泄了愤怒，通过长达 15 分钟的发抖宣泄了背部的恐惧紧张。因为不再需要压抑横膈膜以下的愤怒，所以她的两肋不再收紧；因为不再需要压抑恐惧，所以她的驼背现象也得到了明显改善。

心理咨询的实践中，我遇见过很多在人生初期遭受过虐待的人。需要处理创伤事件时，我一般会注重营造一种亲切、安全的氛围，并怀抱着希望。我会评估当前咨访关系的稳固程度，当咨访关系稳固，来访者感觉安全，才可以做一些有深度的工作。

在心理咨询中，来访者常常会用大量时间讲述过去经历的慢性创伤事件，以及生活中各类"小型"的、让人沮丧失落的意外，比如在人际关系中感觉到不安全，因为害怕被指责而背负压力，又比如面试失败、失恋、失业、投资或创业亏损、伴侣出轨、离婚等。这些意外非常考验人的心理韧性、情绪智力和人格稳定程度，同样是遭遇生活的打击、落入低谷，有的人能够坚韧地从低谷中攀爬出来，有的人则可能陷入颓丧之中，甚至出现自暴自弃、自伤自杀。基于对复原力和创伤的深度理解，我们不难想到，在人生低谷时，一些心理学的工具可以帮助人们恢复社会功能和正常的生产生活。

过去这几年中，我的个人和一部分来访者的生活均因疫情受到了影响。有些来访者求职不顺，或生意艰难，而我在疫情严重时也只能将地面咨询转成网络咨询。但是一些来访者不喜欢网络咨询，那些需要延续性的咨询过程只好停滞下来。我经历过三次足不出户的居家隔离，其中最长的一次达一个月之久。作为咨询师，我虽然经历过长期的心理成长，整体的心理稳定度比一般人群更高（这在一定程度上保证了我在咨询中，能够较好地照顾好来访者内在的脆弱状态），但在特殊时期，面对各种各样的不方便和不确定性，面对受访者的焦虑和沮丧情绪，心情也会出现波动。但这时候的我，仍然需要作为一个"照顾者"出现在来访者面前，所以在那段时间里我比以往更加注重对内心、对躯体的觉察。我会允许自己沮丧和恐惧，给予自己更多的休息和整理心情的时间，允许自己感到渺小、孤独、不完美和局限性，并在孤独中进行大量的阅读，或者寻求咨询师同行以及朋友的支持。

06

大脑结构如何影响我们的生活

"听过很多道理,却仍然过不好这一生"的情况是常见的,因为人们的生活并不主要由认知决定。如果寄希望于通过改变想法而改变自己的生活,人们往往会因为对大脑结构缺乏了解而期待落空。接下来,我们将探究大脑结构对我们生活的影响。

近年来,神经科学家保罗·麦克莱恩基于脑解剖等脑科学研究,提出了"三位一体"的脑结构理论,他的理论模型对于我们理解人的生理和心理结构有着巨大的帮助。他认为,人脑无疑是进化的产物,从结构上可以分为爬虫脑、哺乳动物脑和灵长动物脑(不论人们是否愿意承认,原始动物时期的脑结构至今仍与我们人类同在)。其中,爬虫脑对应的是感觉、唤醒—调节和动作冲动始发,对应人类的本能层,使用的语言是躯体语言，通常以条件反射的方式呈现；哺乳动物脑对应的是情感、动机和交互关系，情绪情感的表达与象征能力紧密相关，对应人类的意象层，使用的语言是意象语言；灵长动物脑对应的是思考、有意识的记忆、计划和冲动控制，对应人类的认知层，使用的语言主要是逻辑语词。

这种"三重脑"的理解，在对人类的各种困难与问题的解释上给出了漂亮的答案。比如，为什么人们在年初时做出的计划、立下的豪言壮志，实现起来往往不那么如意呢（这也是很多人不得不面临的一种意外吧）？我们可以说，原因就是负责思考和计划的是灵长动物脑，而实际推动我们做出行动的是负责情感和动机的哺乳动物脑，情感层面想做的事情，往往需要动机和动力很足才可以做成。就像热恋时期的人们，一想到要与对方见面，便会更早出门；而在寻找工作或者做愿意为之奋斗终生的事业时，很多人虽然在意识层面认为要选择薪水更高的工作，但真正能做好一份工作的，还是那些在内心中对于这份工作有热情的人，因为兴趣和热情能够提供持久的推动力，在遇到困难的时候，也更愿意去克服困难，从而实现目标。当就业困难、毕业可能面临失业的时候，人们又更多聚焦于哪些工作可以提供更多的生存资源，这是因为以爬虫脑主导的本能层，会以"活下去"为优先选择标准。

"三重脑"对应着人类心理的三层结构，这三层结构又会相互影响。其实，创伤就是本能层的能量在本能层无法承载，涌入了意象层和认知层，导致情绪的不稳定和认知偏差。当人们带着觉知，一点点重新觉察本能层和意象层的能量时，这些能量就不再是固着的、无序的，而可以转化为自由的心理能量。固着的能量获得自由后，就可以支持人们去处理生活中的各种困难和挑战。

07

情绪是调整自我的重要抓手

发生意外之后，人们逐渐恢复了生产生活的秩序，之前累积的情绪能量也在慢慢纾解。不过经历过意外后，人们整体心态上会比没有经历前更能感受到情绪的波动，更容易受到情绪的困扰。情绪对每个人的生活质量都有很大的影响，帮助人们识别和梳理自身情绪也是咨询师的一项重要工作，它对于人们破解生活难题、做出重大选择也很有意义。

这让我想到在高校工作时的一个案例。小白是一个19岁的大二女生，新学期刚开始，她因为想退学又下不了决心，于是前来咨询。在咨询师的耐心询问下，小白解释说是因为寒假换了发型，害怕开学后被同学问，从而不想来上学。咨询师问道："那么，如果同学们真的问到了你的变化，会发生什么呢？"

小白说："我不想被他人关注到我的变化，我会不知道怎么回应。"

咨询师："这里面有一个不确定的问题。如果别人问起，你的第一反应是什么呢？"

小白："木，还有些慌。"

咨询师："哦，好，我们可以放慢一些，来感受一下木，还有些慌的感觉。"

随着小白与自己的内心进行连接，她渐渐沉静下来。这时候，咨询师问她："你觉得为什么会慌呢？"

小白轻叹一口气，说道："我想起小学的时候，有一天我和同学开心地聊天，刚好被我妈妈看到，回家后她责怪我说，其实同学不想与你聊天，你却那么热情……"

听完她的描述，咨询师轻声问道："那你当时的感觉是什么样的呢？"

小白看起来十分难过，她说："我很吃惊，也很受打击，不知道事情是不是她说的那样。"

通过这个简短的过程，她连接到自己内心的感觉，然后咨询师就过去这一事件与她展开讨论，梳理她在这个过程中的丰富感受。小白才发现，自己在想要回避关注的同时，很多时候也有想要融入他人对话的愿望，只不过不知道如何表达才恰当。当这个"不知道如何表达"背后的害怕被允许、被理解后，小白慢慢地感到了放松。她从内心中领悟到，和他人日常的对话没有那么难。在那之后，她自然放下了退学的念头。

在这个例子中，当小白的慌、吃惊、悲伤、害怕等情绪被看见，这些情绪就不再能占据她的内心，也不会使她在现实中做出消极的应对了。这样的时刻在咨询中有很多很多。有时候，来访者会跟我说："哦，原来世界上还有这种东西。"

其实，很多人都需要心理咨询的帮助。

正因为见证了很多这样的"松绑瞬间"，我觉得咨询室当中的这些经验可能会给大众提供一些有益的帮助。在日常生活中，人们可以学会一些与情绪相处的知识和方法，这些能帮助我们在不确定的时代更自在地生活。

四大基本情绪就像春夏秋冬

你怎么看待情绪？你会害怕情绪吗？

情绪的被污名化，来自情绪的过度表达，而过度表达恰恰是因为在该表达的时候没有正常表达。

神经科学家安东尼奥·达马西奥说，由真正的快乐产生的自发微笑，或由悲伤引起的自发抽泣，都是由位于脑干深处的脑结构执行的。我们没有办法对这些区域的神经过程进行直接的自主控制，我们抑制情绪就像防止打喷嚏一样徒劳。

为什么说要把情绪作为一种自然现象来理解？心理学家朱建军认为，从进化的视角来看，水母等无脊椎动物主要通过无条件反射和条件反射来回应外在的刺激，它们就有了一些基本感受，这是情绪的前身；两栖动物能对感觉信息产生一个总体的知觉，有了情绪的萌芽；恒温动物则进化出了象征性的想象力，可以基于想象中的推演来对外界做出反应，正式有了情绪。

人是自然进化的产物，而情绪的本质是自然演化过程中预存的反应模式。具体来说，快乐、悲伤、愤怒、恐惧四种情绪，对应的是得、失、进、退四种不同情境。通常而言，人们得到了就会高兴快乐，失去了就感到悲伤难过，被侵犯了想要进攻争斗就会愤怒，因为感觉争斗不过而后退，则对应着恐惧。

为什么说基本情绪就像春夏秋冬呢？如果对这四种情绪仔细看、仔细体会，我们不难发现快乐、喜悦的感觉是轻快的。成年人在快乐的时候，嘴角上扬；孩子在快乐的时候，蹦蹦跳跳。庆祝节日的时候，人们用释放气球、放飞白鸽等仪式来表达喜悦心情；甜蜜恋爱时，人们说春风十里不如你。这些都因为喜悦的感觉像春天的生发之气。愤怒的能量虽然也是向上的，但愤怒的力量更大、更猛、更炽热。当人们处于愤怒之中，力量会变大、增强，愤怒像夏天的骄阳一样炽热。悲伤的能量是沉降的，所以人们在感到悲伤时会耷拉着脑袋、低垂眼眉、提不起精神，甚至只想躺着或者哭泣，悲伤是凉的，悲伤的过程让人降低兴趣、收敛能量，很像秋天萧索的感觉。恐惧则让人收缩，所以人们感到恐惧时会发冷、畏缩，甚至缩成一团，就像冬天使人毛孔收缩，需要蜷起来保持温度。

这样一想，每日发生在我们身心之上的情绪也变得有趣起来。更有一个额外的启示是，情绪就像春夏秋冬一样不断轮回、无法停住，如果有这样的认知并给予一定的觉察，我们就会发现，每一种基本情绪都不会无止境地停留在我们的心灵当中。

既然情绪是一种自然现象，为什么有时候情绪会成为人类生活中的一个问题呢？我想，一是现代社会不同于原始社会，现代社会更强调人与人之间的协作，而情绪会影响我们的逻辑思维和判断能力，容易使人冲动行事。二是人类的关系情境比动物和原始人更复杂，人类的童年期比较长，早年经历会影响人格的建立，过去的经验与当前生活也会相互影响。比如，早年受欢迎的孩子，长大后在与他人建立关系的过程中，也更容易相信自己是受欢迎的；早年被嫌弃的孩子，长大后则更容易怀疑自己是被嫌弃的。

我们不难发现，当一个人对他人言行的反应超过这个情境中应有的反应，对方很有可能会感到诧异，觉得不被理解、被攻击等，这样的情绪反应就会导致关系变僵或者恶化。

有些情绪是伴随着人类社会发展才出现的，比如焦虑、羞耻、内疚、嫉妒等。焦虑是我能不能做到，我能不能得到；羞耻是我能不能存在，我的需要能不能存在；嫉妒是我有没有更好，我能不能拥有；内疚是我是不是不对，我能不能有局限性。不难看出，以上每一种情绪，都和"我"紧密相关，而人类是对"我"最有意识的。

情绪的识别与命名

了解了情绪的分类，并不意味着我们就能够识别自己的情绪。

准确表达情绪，有助于提升我们的情绪管理能力。情绪管理能力怎么提升呢？首先需要我们认识自己的情绪，能够知道自己现在有什么情绪。这时，潜意识里一个自动的情绪调节或者情绪管理模式就会启动。其次，当我们保持觉知当下的状态，把某种情绪表达出来，就可以起到缓解情绪的作用，心理学把这个过程叫作宣泄。宣泄之后，我们再看待事情就相对客观了。但是，如果我们没有能力区分各种各样的、有细微差异但不完全相同的情绪，就很难谈得上管理。

心理学家在研究中发现，情绪情感的表达和象征有很大关系，人们基本不可能脱离象征来表达情绪。有一种心理障碍叫作述情障碍，主要问题就是这一类人没有发展出象征的能力。象征是一个很好的觉察和转化情绪的容器。这让我想到仓颉造字的传说。

民间关于仓颉造字的传说有很多，其中一个传说讲的是，黄帝给仓颉安排了统计牲畜和食物数量的工作，仓颉一开始采取的办法是结绳记事，增一则结一个结，减一则解一个结。后来需要统计的事物越来越多，他就采取悬挂贝壳的方式，但这种方式很难保证不出错。有一天，仓颉走到一个三岔路口，见三个老人为了走哪一条路争论不休，一个说往东能追到羊，一个说往北走可以追到鹿群，还有一个说往西能追到虎。这三个老人是如何辨别出来这些信息的呢？原来他们依据的是地上的动物脚印。正在为统计事物而绞尽脑汁的仓颉恍然大悟，他兴奋地想道："如果用符号来代表要统计的内容，不就可以了吗？"于是，他开始创造各种符号来代表事物，也由此把各项事物管理得很好。后来黄帝派他到各地推广这些符号——文字，这一创举对于中华民族的繁荣昌盛具有重大意义。

我们如果对于大脑认知事物的方式有一定了解，就会知道大脑储存和加工信息的容量有一定的限度，注意力资源也有一定的限度，将事物进行分类和标记就成为信息加工的一个必要方法。虽然每个人或者说每个情境下的愤怒有所不同，但是当我们把一个情绪状态归到某一类情绪中时，我们的心就获得了一个容器来安放这种感觉，而不是被它所占据。

特别是当孩子陷入一种情绪时，如果大人能够帮助孩子识别和命名这种情绪，就为孩子将来能够识别自身和他人的情绪，从而拥有高情绪智力（简称情商）打下了良好的基础。

我们可以根据一些基本的线索将情绪识别出来。神经科学研究表明，情绪命名对于情绪的调整具有关键作用。当一种情绪没有被命名的时候，人们感觉到的是一种不可名状、心不安定的感觉。当情绪有了符号，有了名字，我们就获得了一个可以承载、观测这些情绪的容器，就可以摆脱被情绪推动着不由自主的生活状态，从而获得了主动权和足够的自由度。

拿焦虑来举一个例子

现代人很容易感到焦虑，但是对焦虑的理解多半是模糊、不充分、一知半解的，更多时候是不自觉地被焦虑推着走的。如果我们仔细观察，就会发现焦虑的主要成分是慌乱感。这是一种感到有迫在眉睫的威胁需要应对，但又不知道如何应对时产生的不愉快的感受。这也是为什么如果没有一个细腻的觉察，人们在慌乱中总会倾向于胡乱行动。有许多出于焦虑的应对其实并没有解决问题，反而带来了更多的混乱。比较常见的情况有，一个人因为考试焦虑、工作焦虑或者情感层面的焦虑开始刷手机，在刷手机之后又焦虑自己浪费了时间，开始在心中责备自己，于是更加焦虑，更加没有行动力，好像陷入了一个无法自拔的泥潭。

那要怎么办呢？作为一名和焦虑打交道多年的心理咨询师，我印象最深刻的一次体验，是在咨询师的帮助下观察和耐受焦虑，直至焦虑感"过峰"。如今我早已忘了自己是因为什么事感到焦虑，只记得一开始，咨询师让我试着与焦虑共处的时候我是惊讶的。我随即发现，随着自己的关注，焦虑感没有下降反而上升了，从胸腹区往四周扩展，这个过程中焦躁感像棕色的液体那样流动，甚至出现被小针扎的感觉。就这样"挺"了四五分钟后，焦虑感下降了，那一刻我清晰地体验到并且相信了与之共处的效果。

事实上，情绪不需要我们使出"浑身解数"去躲藏，反而可以大大方方地面对，观察它、允许它流经自己，它也就过去了。等我们再想到现实中让自己困扰的事情，因为心神不乱，就有了更多力量去面对。

这次难忘的经历，让我在面对情绪时有了很大的信心和勇气。从害怕自己不能承受、不确定自己能不能承受，到发现自己竟然真的可以承受住的转变过程，让我体验、感受到了情绪的"空性"——让我们害怕到常常要躲藏起来的情绪，本质上也会发生变化，且一直在变化着。既然人生的很多选择都因为我们害怕某一团大情绪而受影响，那么如果我们对一大团、一大团的情绪都不再害怕、不需要躲躲藏藏，我们的人生将拥有多大的自由啊！

经此，我们也不难发现，与情绪相处的过程有时就像身处洪流之中，一个浪拍过来，还能不能够睁眼去看它呢？这是需要勇气的。面对情绪，着实不易，有时候暂时做不到，那就需要积攒力量，直至将来有一天成为那个敢于面对的勇士。

我们需要追求情绪稳定吗

掌握了一定的了解、纾解情绪的方法，是不是从此就情绪稳定了呢？在网上看到过关于"要不要做一个情绪稳定的人""要不要期待一个情绪稳定的伴侣"的讨论，这里面隐含的是一个笼统的认识，好像人们分为情绪稳定的和不稳定的两种。这样的分类是不够确切的，因为生活中有各种情境，比如某个群体遇到严重的显失公平的情境，这时候情绪稳定反而是奇怪的，而气愤、愤怒、义愤这些反而是恰当的。还有第一章里提到的亲人去世，如果情绪很稳定，感觉不到悲伤，则可能是对悲伤进行了压抑，反而容易导致抑郁。另外，如果一个人生活中发生了好事、喜事，却不愿意表现出来，反而追求情绪稳定，其实也属于压抑，也就感受不到喜悦带给我们的感动和力量了。所以与情绪相处的第一要诀，我们要记住，是"不在于稳定，而在于恰当"。

那么问题来了，情绪怎样才是恰当的呢？怎么判断是不是恰当呢？

对于情绪是否恰当，大致有两个判断的方法：一是对照"人之常情"的标准，就是大多数人在类似的情境下会有什么样的自然反应。这种"人之常情"，通常只要给予时间，就会自然流动。二是要懂得发现自己的"雷区"。回顾一下，我们在生活中容易被激发起情绪的情境，是否常常是相似的？比如，有的人一被批评就破防，一面临考试就焦虑得失眠，一想到关系可能破裂就感觉要崩溃，在很小的事情上都要自我指责等。遇到这些情境，我们就要考虑超出常规的反应是否和过去的经历（主要是创伤经历）有关。

当前事件激发的并不仅仅是这件事本身引起的情绪，本来这件事会引起两三分的愤怒，实际却出现了十分。那么，我们就要考虑这另外的七八分愤怒，是否和过去生活经历中压抑的情绪能量有关。这个时候，仅仅觉察这些情绪是不够的，还要看到内心中固有的关系模式,如指责与被指责、嫌弃与被嫌弃,才会有真正意义上的改变可能。所谓的人格,是天赋秉性加上内在关系模式。如果一个人看清了自己内在的所有人际关系模式,那么他就可以获得很大的自由。

至于"要不要做一个情绪稳定的人""要不要期待一个情绪稳定的伴侣",在幸福婚姻仿佛变得越来越困难的时候,这样的讨论是很有意义的,有助于大家厘清"到底什么对于我们过上幸福生活是重要的"。有人说,我们不要期待自己或者伴侣情绪稳定了,因为这真的挺难的。但我在咨询实践中又常常听来访者说,他们真的期望外界的事情对自己情绪的影响没有那么大,希望自己能够相对从容、稳定地面对人生的起起伏伏、得失进退,甚至希望自己有一天面对世事纷纭时,能够云淡风轻。

虽然心理健康不以快乐、平静为标准,但我仍然很理解一些朋友对自己有着可以云淡风轻的期待。因为在我们的文化当中,确实有一些榜样人物一定程度上达到了这种境界,因此激起了人们内心中的向往。比如,课本中都学过的诸葛孔明"非淡泊无以明志,非宁静无以致远",范仲淹"不以物喜,不以己悲"。我们知道,如果一个人拥有了这种平静的智慧,他就可以在生活的洪流中从容不迫。只不过,对于怎么达到这种从容的状态,我们还是所知甚少。

人生的境界不是一步就可以跨越的,而是"事在心上磨"的时候,我们的心里已经预存了太多故事,有了"我好不好""世界爱不爱我""他会不会在背后责难我"这些让自己不安的伏笔。好在心理学已经开辟了一些道路,解开了一些故事的谜团,可以让心得以安放,这些在后面的章节里我会陆续介绍。

◆ 小练习：认识一个具体的情绪

以认识象征为特色的心理疗法——意象对话中有一种基本技巧，可以把情绪和感受用意象表达出来。基本操作步骤如下：

· 第一步：身体放松。
· 第二步：回忆并重新激发出某种过去经历过的情绪或感受。
· 第三步：观察自己的身体感受和情绪。例如，当我产生这种情绪或感受时，身体的哪个部位先有感觉？我所感觉到的内部能量会如何流动？我身体的各个区域会有什么反应？我产生了什么情绪？我想对谁说一句什么样的话？
· 第四步：用自我引导语（比如，"如果将这种情绪的能量转化为颜色／声音／温度／气味／味道，那么它将会是什么颜色／声音／温度／气味／味道"）引导自己把这个情绪或感受转化为意象。
· 第五步：用自我引导语（比如，"如果将这个情绪变成一个场景，那么我将会看到什么"）引导自己把这种情绪或感受转化为一个整体的意象及故事。运用这种技巧，我们可以知道某种情绪的身体表现和所转化出来的意象及故事。

08

我们有几种视角看待意外的发生

人类简史的视角

几年前有一本书横空出世,十分有趣,叫作《人类简史》,作者尤瓦尔·赫拉利是一名牛津大学历史学博士、新锐的怪才历史学家。《人类简史》这本书描述了从石器时代的智人演化,直到 21 世纪政治和技术革命的一整部人类史。书中表达了一种对"人类中心主义"的讽刺,因为人类成为地球食物链顶端多年,所以可能很多人都想象不到在此之前的世界是什么样的,而尤瓦尔·赫拉利通过他的研究,尝试向世人揭示智人的 7 万年发展史。

大约 7 万年前,"认知革命"让历史正式启动;大约 1.2 万年前,"农业革命"让历史加速发展;而大约不过 500 年前,"科学革命"才让历史另创新局。

在几十万年前的地球上,至少有6种不同的人。从整个历史来看,过去多个人种共存其实是一种常态,现在地球上只有"一种人",这才是异常。

在整个动物界,只有人类的大脑在这200万年间不断演化。人类另一项独有的进化,是学会了两条腿直立行走。然而,直立行走给妇女造成了很大负担,产道宽度受限,婴儿的头还越来越大,分娩死亡就成了女性的一大风险。于是,人类的自然选择是让分娩开始提前。小马出生没多久就能小步跑,小猫出生几周后就能自行觅食,人类的婴儿与之相比,可以说都是早产儿。

想要养活孩子,就需要其他家族成员和邻居持续提供协助。人类的演化也就偏好能够形成强大社会关系的种群。此外,人类出生时尚未发育完全,更能够用教育和社会化的方式加以改变。

在整整200万年间,人类一直只是一种弱小、边缘的生物。直到10万年前智人崛起,人类才一跃而居于食物链顶端。

和其他食肉动物花好几百万年才站上顶峰相比,人类转眼就登顶的速度让大自然的生态系统难以有时间发展出制衡力量。书中认为:"人类历史上众多的灾难,不论是生灵涂炭的战乱还是生态遭逢的浩劫,其实都源自这场过于仓促的地位跳跃。"

大多数研究人员认为,智人之所以能席卷世界,是因为他们的认知能力有了革命性的发展。大约7万到3万年前,智人发生了所谓的认知革命,出现了新的思维和沟通方式。

和人类相比,许多动物也有自己的语言。但研究人员认为,人类能够脱颖而出是因为人类的语言描述更精准,以及更能了解人类自己。而且,人类语言最重要的功能在于能够传达、讨论一些虚构的事物,这使人类能够拥有想象,甚至集结无数陌生人灵活合作。

认知革命之后,智人有了八卦(传播非正式的小道消息)的能力,部落规模也变得更大。社会学研究指出,借由八卦来维持的最大团体人数大约是 150 人。

即使是今天,人类的团体仍受到这个神奇数字的影响。只要在 150 人以下,不论是社群、公司还是其他单位,只要大家依靠彼此互通消息,就能正常运作。而一旦突破 150 人的门槛,情况就会大不相同。许多企业规模扩大后,就碰上了各种危机,非得彻底重整才能成长下去。

智人是怎么跨过这个门槛的?任何大规模人类合作的根基,很可能在于某种只存在于集体想象中的虚构故事。即使是互不相识的人,只要同样相信某个故事,比如宗教故事、国家故事,就能共同合作。

从认知革命以来,智人一直生活在一种双重的现实之中。一方面,他们有像狮子、树木和河流这种确实存在的客观现实;另一方面,他们也有像神、国家和企业这种想象中的现实。自从认知革命之后,智人通过文字创造出想象的现实,让大批互不相识的人有效合作,依据不断变化的需求迅速调整行为。这等于是开启了一条"文化演化"的快速道路,而不再停留在"基因演化"这条路上。

对于自然界同样具有社会行为的其他动物而言,它们的行为相当程度上是受基因影响。一般来说,如果没有发生基因突变,它们的社会行为就不会有显著的改变。出于类似的原因,远古人类也没有什么革命性的改变。

因此,认知革命正是历史从生物学中脱离而独立存在的起点。在这之前,所有人类的行为都只称得上是生物学的范畴。认知革命之后,我们要解释智人的发展,依赖的主要工具就不再是生物学理论,而是历史叙事。但是,这并不代表智人从此就不再遵守生物法则,我们仍然是动物。

大约4.5万年前,人类第一次成功离开亚非大陆生态系统,使得整个澳洲(又叫大洋洲)的生态系统食物链重新洗牌,后来又造成更多物种灭绝。科学革命之后,人类对自然有了更多的测量和研究,好像所能控制的不确定因素越来越多。古时候的人需要通过祭祀祈雨,而现代人甚至掌握了"人工降水"技术,之前于大自然风暴中瑟瑟发抖的小可怜,如今终于直起了腰板。有一些人开始有了对人性的追求,如对"君子人格"的追求,但放在历史长河中看,"人之所以异于禽兽者几希"。在自然界的意外事件面前,有时候人和"无毛两足动物"没有太大的差别。

生活的选择有代价,演化的成果也有代价。人类直立行走,孩子就需要更长的时间被养育成人。在人类演化的过程当中，凡事没有两全其美。

社会科学的视角

从社会科学的角度来看，对意外和危机事件有两个重要的隐喻：一个是"黑天鹅"，一个是"灰犀牛"。

"黑天鹅"一般是指那些出乎意料发生的小概率、高风险事件，一旦发生，其影响足以颠覆以往的任何经验，且具有不可预测性。"黑天鹅"源于欧洲人在发现澳洲之前，一直都认为天鹅全都是白色的。然而在到了澳洲之后，他们竟然发现了黑色羽毛的天鹅。就是这一只黑天鹅，让欧洲人上千年的结论彻底被推翻：原来天鹅不仅有白色的，还有黑色的！

后来，美国著名投资人塔勒布便将"黑天鹅"特指极其罕见、无法预测，但是一旦发生就足以影响乃至颠覆以往任何经验的重大事件。例如，1997年的亚洲金融危机即为"黑天鹅"事件。泰国政府宣布泰铢与美元脱钩后，当天泰铢就贬值近20%。随后，超出意料地引发马来西亚林吉特、新加坡元、菲律宾比索、印尼盾等下挫。这场金融危机使大部分东亚货币贬值、国际股市暴跌、多国社会秩序陷入混乱，甚至政权更迭。

"灰犀牛"比喻大概率且影响巨大的潜在危机，这个危机有发生变化或改变的可能，是可预测的。"灰犀牛"名称来源于非洲大陆上的一种巨无霸动物——灰犀牛，其体重达2—5吨，平时性情温和，只要不侵犯它们的领域或者主动挑衅，它们基本不会对人或者其他动物造成威胁。当你在非洲大草原旅行时，碰见灰犀牛，你一步步向前，直到离它们足够近，并为其拍一张角度较好的照片时，你会发现犀牛向你冲了过来，此时你所面临的危险就被称作"灰犀牛"。

例如，美国次贷危机就是典型的"灰犀牛"事件。当时大家都知道"次债"有风险，却并没有足够重视。因为投资回报高，"次债"相当长一段时期内受到投资者的追捧，且表现稳定。2007年房价开始回落，"次债"市场风险爆发，风险被迅速传导到其他市场、其他国家，最终酿成了史无前例的全球性金融危机。

广义的意外是意识之外

从广义上来说，意外是料想不到、意料之外的消息、事件；从狭义上讲，意外是意料之外的不幸事件。先从广义角度来看，人的精神世界分为意识与潜意识，在我们意识之外的部分都是潜意识。从深层心理学角度来看，人生中的大部分事情都是潜意识决定的，也就是说是由我们意识领域之外的东西决定的。意外可谓无处不在，如自己为什么做不到自己期待的事，别人为什么不能像我们期待中的那样行事，等等。我们每天都会遇见"意外"，和广义的"意外"能不能较好地相处，直接影响着我们和狭义的"意外"相处的能力。

心理学家认为，潜意识和意识的关系就像大象和骑在象背上的人之间的关系。人们的生活质量也取决于骑象人与大象的关系，如果关系较为融洽，那么双方能够较好地合作。当骑象人想要引导方向，大象是可以沟通的；当大象有一些需要，骑象人也是能懂的，那么双方就是可调和的。如果骑象人都不知道自己骑在一头大象上，就会对生活的走向摸不着头脑。也正因为很多人都不太明白这个道理，所以就会用自己的方式来解释种种"事与愿违"。比如，有的人认为这是宿命，有的人则解释为运气。

许多人会选择算命，作为一种缓解焦虑和寻求控制感的方式。通过"大师"对"命理"的一番解读，他们对自己的困境获得了一种"外因导致"的解释。这样做可能在一定程度上缓解了部分焦虑，但也把生活的部分主动权和影响力交给了宿命。

相信运气的人，则可能在某一件事上押了很多心理能量。比如，有的人认为一旦中了彩票，或者遇见了踩着"七彩祥云"来娶自己的意中人，自己的生活就会发生极大变化；如果遇到了不幸事件，如受伤、落榜或者失恋，就会从此人生黯淡。

在这方面，国外的一些研究有助于人们打破这种相对肤浅的认识。研究表明，无论是好的意外还是坏的意外，经过半年的适应，人们基本还是会回到意外发生之前的生活状态。每个系统都有一个"内在稳态"，整个系统的状态很少因为一个孤立的事件就彻底改变了。具体来说，一个生活状态好的人如果在车祸中失去了双腿，看起来非常不幸，但半年之后这个人会逐渐适应，然后回到意外发生前的内在状态。同样，一个生活状态差的人如果幸运地中了彩票，或者得到了巨额的拆迁款，一段时间后他可能挥霍一空甚至欠上赌债，即所谓"来得快去得也快"，一时的幸运并不足以保障他后半生的生活，这也是内在稳态做出的调整。

"确定一定以及肯定"属于过去，属于已然发生的世界。如果你相信命运都是注定好的，那是不是努力、奋斗、追求梦想都没有意义了呢？就像《了凡四训》里的故事，袁了凡二十年来的人生轨迹，都被孔先生提前预测出来了，并一一应验。他因此认为自己的命数已定，心如枯槁，与云谷禅师对坐三天三夜而心中不动一念。云谷禅师十分惊讶，问是什么缘故。原来袁了凡已经对被算定的命运十分灰心，没有了改变的念头。后来他在云谷禅师的指导下，明白命运是可以改变的，通过实际行动开始为自己改命。

心理学家是如何理解人的命运呢？

弗洛伊德提出"强迫性重复"这个概念，论述了人们不一定通过追求快乐的方式来获得掌控感，反而会重复自己的创伤经历，以期改变受伤感，重新获得掌控感。比如，女孩有一名酗酒的父亲，当女孩长大后却找了一个酗酒的人作为配偶，乍一看她真是命不好，实际上是创伤的"强迫性重复"；交互心理分析（TA）的创始人伯恩斯也提出了"人生脚本"的概念；在意象对话心理学中，也通过许许多多案例和心理师的深度自我觉察，看到了由情结推动人们产生特定的应对方式，使人拥有特定的看待生活的视角。只要看清楚了，那命运和其他万事万物一样，都是可以改变的。

大局观看意外

在我自己的人生际遇中，遇到过一次不公平的考试。当时知道这件事的人们都表示震惊和不平，属实是个意外事件了。我花了一些时间来消化这件事带来的感受。后来，我听我的父亲与朋友谈及这件事，他说："她还年轻，现在遇到这样的挫折也不是坏事。"

把时间拉长了来看，这件事确实对我后来的影响并没有那么大。我在接下来的一次考试中还是脱颖而出，并离开了那个地方。直到现在，我从事着自己内心深处非常认同的职业，在工作中不断完善自己的言行和人格。过去一时的得失，现在想起来只不过是人生中的一段体验，并没有影响到我对"我是谁""我要去哪""有哪些人爱我"的追寻。一时得、一时失都是人生中的寻常事，要想过好这个人生，需要很多反观，需要在时间长河里学习克服各种困难。

这件事让我更加理解了一句话："不计较一城一池之得失。"这个思想出自《孙子兵法·九变》："军有所不击，城有所不攻，地有所不争，君命有所不受。"知道哪些不争，是因为对全局有自己的认识，人生不止一个点。不盯着一个点，就可以在时间长河里宏观地看待那些不那么顺利的遭遇，也可以帮助我去理解有类似经历的人。对于从事心理咨询这份工作而言，各种各样的人生际遇，反而可以拓宽我看待生活的视角。

后来想想，父亲之所以有一个比我更广的视角，不仅是因为他比我年长，还因为父亲经历过几起几落，他的心理空间在近乎戏剧化的变化中被拓宽了，所以显得更加淡然。

中国文化中有不少全局观的例子。比如，《红楼梦》中大观园的"大观"，意思就是大视角观人的命运。得失是一时的，一个人的际遇和自身的内在心理结构有很大关系。这也是为什么，有时候一个人看到别人通过一些方法取得了进步，比如看到别人通过健身减肥成功，想要效仿却"三天打鱼、两天晒网"，很难坚持下去。这是因为他内在的状态、心理能量，包括内在的心理冲突等，还不足以支撑他突然增加一项持续的活动。如果一项新的活动能够持续开展，一定是和这个人内在的其他部分实现了契合。

Part 3

压力之下的自我关怀方法

莫轻于小善……须知滴水落，亦可满水瓶，智者完其善，少许少许积。

——《法句经》

关于自助减压的方法，我相信读者朋友在很多地方都了解过一些，如运动、听音乐等，不同的媒体上也有专家学者介绍过。那么，有没有人遇到过这样一种情况：我知道专家说的办法对我有帮助，但我却做不到，或者我找不到做这件事的状态。这涉及自助减压这件事背后的一个重要原理，那就是不管我们做什么，做的内容【我们称之为"to do"（要去做）】本质上都是为了实现一个状态，为了成为什么样【我们称之为"to be"（要成为）】。但如果我们把"想要成为什么样"和"我能成为什么样"搞错了，那么怎么做都会出现一个困难，就是"我为什么做不到"，那么书籍、网络上的"to do list"（怎么做清单），就会成为我们恢复健康的障碍物、新的限制性因素，成为我们再次对自己感到失望的一个素材，或者暗暗批评自己的一个内心角落。

亲爱的读者朋友，这不是我希望看到的。所以首先我要提醒的是，如果你发现自己无法按照本章中的方法去做，那并不是你的问题。我们可以回到你发现时的状态，并认识到"没有人会永远快乐""没有人会永远有好的状态"。其次，让我们记住，行动作为一个由心到身的表现结果，为了实现它，有些时候我们的目光可以放在怎么为这个行动创造出具备的条件上。因为当各种条件俱足，一件事会自然地发生。所以，这本书中提及的减压方法会注重两个特色：一是尝试论证每个方法背后的原理，为实现它创造一些条件；二是更多地结合中国文化特点和中国本土特色，以期更加贴近我们的血脉和习惯。

09

状态可以不好，但自我值得善待

在这个几乎人人都在社交媒体上寻求点赞的时代，朋友圈里大多是一些美好的瞬间。比如，旅行中的美图美食、生活中的重大进展、情感流动的感人时刻等。这些当然不是生活的全貌，生活会有顺心的事，也有不顺心的，有清晰的也有混沌的。在我很喜欢的一本书《精神健康讲记》中，作者李辛这样说道：很多人会认为，一个人在某一段时间处于"不快乐"的"低谷"状态，没有力量去始终维持一个"正常"的状态，这样是不好的，是不被大家所接受的，一定要尽快转变，跟上"前进"的步伐。这样认知的背后，是大家普遍认为始终保持"正向、阳光、自信、积极、努力"的状态才是对的，就像有的人只喜欢春夏，不喜欢秋冬一样。而生命像一条河流，有源头、奔腾的急流、舒缓的浅湾、盘旋的漩涡、冲撞的礁石和咆哮的巨浪，也有阴暗的幽谷、干涸的分支和不知方向的地下阴河……每个人的生活与精神心理状态也是如此，有起有落，有光明的乐章，也会有阴郁痛苦、冲突的阶段。

如果我们处在挫败、阴郁、痛苦的阶段而没有加以省思，只是寄希望于通过一个什么方法赶快从不好的状态中解脱出来，那么不管用的是多么正确、多么好的方法，这件事本身就只是在尝试回避"不好"。如果这个"不好"其实本质是人生中一个避无可避的东西，那么这种回避将使我们离内在的真实体验更远，可能导致问题变得更加严重，将来面对起来更难。另外，回避也可能使我们的心理空间变得更小，以及在学习、生活上受到限制。在一个强调效能、竞争、有力、展示自我的时代，人们对"状态不好"的恐惧是可以理解的。但是，这可能会带来一个后果：我们对这个"不好的状态"到底是什么所知甚少，这个状态也就没有办法成为我们的现实基础，帮助我们从中生长出来，我们就可能陷入幻想，或者陷入一种空转的状态——有焦虑、有欲望，却没有行动。因此，我们也没办法检验哪种行动有效、哪种行为无效。

是不是一觉察、一省思，马上就可以理解自己的困难状态呢？这也是不一定的。就拿我自己写作这本书的状态而言，状态好的时候一天能写一万字左右，或者写了五千字也是不错的成效。但也有状态不好的时候，可能一个字也写不了，或者只能写一行。当我在心里能够清晰地捋出一个脉络，我就感觉状态很好；当我心里还存有对某个心理原理的疑惑，或者不明确自己真正想要从浩瀚的心理学海洋中舀取哪一瓢给读者时，我也会感到困难，也曾自我怀疑。在这个过程当中，我主要采取的方法是边知边行。看看自己的内心，尝试找出困难的线索。有时候找到了，有时候没有找到，没有找到的时候会感受到压力，然后一边尝试容纳和理解这些压力，一边采取一些自我关怀的方法，在某个瞬间就会找到自己的答案，心中豁然开朗。

中国人一直讲究自力更生、艰苦奋斗。这种精神一直激励着我们，但这和善待自我并不冲突。一生中总会经历许许多多的困难挑战，因为自己很重要，所以要善待自己。另外，善待自己也是善待他人，一个人状态好了，才能对别人有耐心，才能有心思关注自己和他人的关系。对于爱我们的人来说，我们能关心自己，才能让他们安心。

10

躯体层面的调节

放松法

前面介绍恐惧的时候,我们提到过恐惧对应的身体表现是冷和紧。当人们心神不定、有所焦虑的时候,身体的一部分也容易不自觉地紧张起来。这种紧张,反过来也会加重心理层面的不舒服。试想一下,如果你尽可能地让自己缩成一团,那就容易激起弱小、恐惧、不安全的感觉。所以,有意识地去做一些放松,是有助于平衡身体状态的。

放松的方法有很多种,在这里我们试举一种。

1. 准备一个 15—30 分钟内不会受到打扰的空间,以安静、温暖、舒适、通风为佳,放下手机。

2. 以舒服的姿势坐在椅子上或床上、地板上，可以盘坐，或者两腿自然下垂。注意保暖，尤其是膝盖、颈项、后腰。

3. 头部和肩背、腰部保持相对正直，可以先挺直，再稍做放松，既不松懈，也不僵直。臀部适度垫高，脊柱会更容易放松。

4. 初学者宜闭目打坐，留意身体各部位的感受。起初可以如同扫描一样，从头顶、面部开始，到颈部、肩膀、手臂、手掌、手指、前胸、后背、腹部、后腰、臀部、会阴、大腿、膝关节、小腿、脚踝、脚面、脚底、脚趾，依次进行。

5. 感受到哪里紧张，就可以在有觉察的状态下调整哪里，慢慢微调身体各处。注意动作放慢，幅度减小，呼吸调匀。

人体几乎所有的内脏器官都不是我们能够自主调节的，除了肺脏。肺脏可以通过我们的呼吸来调节，所以关注呼吸对于身体放松具有特殊意义。有的人喜欢通过数呼吸来放松；有的人喜欢先收紧全身或部分肌肉，再突然放松下来；有的人喜欢跟着引导语放松。一般找到适合自己的放松方法就好。

运动吧

运动是一味药——"流通药"。如今，越来越多的人知道运动有益于心理健康。具体而言，运动可以从几个方面调节焦虑和压力：

一是运动能够增加心脑血管的收缩性和渗透性，可使体温恒定，有助于保持神经纤维的正常传导性，从而有利于心理健康。运动还有助于大脑分泌脑啡肽（β-内啡肽）、脑源性神经营养因（BDNF）等物质，有助于身体分泌多巴胺、血清素（5-羟色胺）等神经递质。这些物质均有助于产生欣快感，改善情绪和睡眠状况。

二是运动可以提高人们对身体的觉知，进而有利于提高对自我的总体觉知。我有一个朋友酷爱跑步，几乎每天都要沿着护城河跑上5公里。当她跟我分享跑步体会时，我发现她对于肌肉发力、呼吸等，比一般人有着更细的体会。我自己则对瑜伽、太极、八段锦、站桩这样的慢运动比较感兴趣。在跟着老师学习的过程中，我发现这些运动看似只是一些简单的动作，其实如果想要完成得好，是需要专注在对身体的觉知上的。觉知度越高，运动的效果就越好。

三是运动可以增进自我效能感。自我效能感，指个体对自己是否有能力完成某一行为所进行的推测与判断，也是个体对自己的能力所持有的信念。当面对外界的许多不确定因素时，人难免会感到无奈、无力，甚至觉得自己无能。但我们也会发现，在一些事情上我们可以主动去获得自我效能感。比如，跑步完成了一定公里数，或者打卡了特定的跑步路线；学完了一整套拳法；因为身体的柔韧度增加了，所以完成了一些之前无法完成的动作；爬到山顶俯瞰整座城市，因为"会当凌绝顶"，所以可以体会到古人所言的"一览众山小"，等等。

爬山时，我们还可以进行的一个心理调节小活动是"喊山"。到了山腰或者山顶，对着空旷之处喊出自己的心情，因为大山足够稳定、抱持、包容和接纳，所以我们可以放心地喊出愿望、忧虑、伤心和愤怒。我很喜欢的电视剧《贫嘴张大民的幸福生活》中就有一集，讲的是张大民的弟弟张大国因为高考压力太大，半夜做噩梦，张大民就带着弟弟爬香山，在香山顶上喊出自己的愿望。

运动还可以帮助人们找到同伴，增进社会交往。疫情期间，有很多人喜欢上了骑行和徒步。有同样兴趣的人在一起可以相互陪伴、互相鼓励、交流心得、共同进步，让运动不再枯燥、容易坚持。

信息时代，有很多运动类 App 可以帮助人们保持运动习惯。比如，可以设置适合的运动量和运动方式。运动量最好维持在中等强度的有氧运动，最简单的衡量指标就是运动时达到最大心率（用220减去自己的年龄，比如一个人30岁，220－30=190，他的最大心率为190次/分钟）的65%—70%，持续运动时间在20—30分钟即可。

躯体的动作会影响人的心理，容易压抑自己的人可以选择一些对抗性运动，如拳击、网球、羽毛球，以增强自己的锐气。容易急躁的人可以选择太极拳、八段锦、站桩等，静养心性。

运动的原则是有氧运动与抗阻运动（如俯卧撑等）相结合；因地制宜、因人而异；安全有效（心率监控及遵医嘱）而不疲劳（疲劳会降低抵抗力）；不受伤。

泡温泉与洗热水澡

温泉作为一种天然的疗愈资源,既可以使身体得到舒缓与恢复,也为心灵带来宁静与放松。德国弗赖堡大学的一项小型研究发现,每周下午两次温泉浴可以改善情绪,而且这种改善是长久的,甚至比体育锻炼更好。该大学的约翰内斯·瑙曼研究小组招募了45名抑郁症患者作为志愿者,其中大约一半持续服用抗抑郁药物。研究人员将他们随机分为两组,一组每周两次温泉浴,一组每周两次户外体育锻炼。

实验中的洗浴内容包括:在40℃的温泉池水中泡20分钟,泡完澡后,志愿者被带到附近的休息室,躺在躺椅上用毯子裹住身体,躺椅上有两个0.7升、水温70℃的热水袋,志愿者需要将一个放在腹部,一个放在大腿上,以维持泡浴后升高的体温。两周后,一些人选择在家里继续进行这项日常活动,其余的人则继续在温泉疗养院进行。研究小组预测,通过温泉浴预计可以让志愿者的核心体温(35℃)上升1.7℃。

八周后,温泉浴组的抑郁量表平均分数降低了约6分,下降幅度为21%,而锻炼组则只降低了3分。作者在论文中还说,洗浴疗法在两周内就会起效,而锻炼则不会这么快。

如果有条件泡温泉,注意温度不宜过高,一般以略高于体温、不超过45℃为宜;避免空腹,注意补充水分。

在日常生活中,洗热水澡这样简单、容易操作、低成本的方式,就可以较好地帮助人们安定、放松,有助于缓解一天的压力。其主要原理是：适当温度的热水澡可以加快血液循环，改善器官与组织的营养状态，还能安抚神经、降低肌肉张力，使全身肌肉组织得到放松，从而缓解疲劳。特别是对于那些运动有困难或不喜欢运动的人来说，温泉浴或洗热水澡无疑是一种比运动更轻松、更舒服的选择。

中医外治法

我们不能忘记，疫情期间中医做出了重大的贡献，显示出自身的强大魅力。回想起来，我和家人阳后退烧，基本就是靠中医朋友开的食疗方子，三种豆子加上葱姜煮水，喝完烧很快就退了。目前，国家也很重视在中医药方面的扶持。在这一章节里，我想提一下中医的外治法，也就是按摩、针灸、艾灸、刮痧等。

中医基于对人体的深刻认识，对需要补的人，可以用艾灸补充阳气；对需要调整气机的人，可以扎针。好的按摩，并不是要按得全身都痛才管用，像足三里（小腿外侧膝眼下三寸）这种广为人知的穴位，按一按总是可以的。我们可以从按腿开始找感觉，这也是和自己身体连接的一种方式。

夏天的时候，还可以晒背。这个方法适用于经常手脚冰凉的朋友，我们可以把头部遮住，将背部朝向太阳，晒上15—20分钟，或者根据自己的情况适当延长，让太阳光给自己补充身心能量。

现代人的目光总是朝外看的多，看别人有什么、没有什么，各种视频网站、App，各种新的花样层出不穷。而看自己的少了，就容易心浮气躁。向内看，接触自己的身体，就是在培养对自己的慈心，升起对自己的慈心，才有真正意义上的对他人的理解和善待。

这个时代好的地方在于，一些中医的基础知识普通人也可以学一点，用来帮助自己和家人。遇到心境和缓、清净安详的老师，还可以多学一点，尝试用外治法来调理身心。在此就不赘述了。

11

艺术可以调心

音乐调节情绪情感

在我国古代的音乐理论中,音乐具有很高的地位,被认为是与神沟通的一种方式,《礼记·乐记》说"大乐与天地同和"。根据《说文·音部》的解释,"音,声出于心,有节于外,谓之音",即复杂的、有节奏的声才能称之为音。古希腊人同样认为音乐能够通神,还可以驱邪治病,净化人的肉体与心灵。

的确,音乐和语言及其他声音相比较而言,既相似又大不相同,它包含了曲调、节奏、旋律、音色、力度、速度等众多要素。中国传统的五音是宫、商、角、徵、羽,由这五个单声所组成的调式即五声调式,而以某种声调为基础组成的乐句、乐章、乐曲,才能够反映某种特定的情感。"乐"这个词,在繁体字中加一个草字头就是"药"。《乐记》中记载"乐以治心，血气以平"，所以音乐可以用于治疗，在古人那里早已不是什么秘密了，甚至在传统医学中就有记载，五音可对应五脏的调整。1940年，美国学者正式提出音乐疗法，现如今这方面研究已经有很多了。

音乐是一种有规律的机械波，含有各种频率的声波。当具有一定规律和变化频率的声波振动作用于人体各部位时，内脏器官、肌肉甚至脑电波等就会随之产生和谐共振，促使身体节律趋于协调一致，从而改善人的总体状态。这一点，我在国家大剧院听交响乐团音乐会的时候感受明显，一场音乐会听下来，感觉全身的细胞都被音乐涤荡了一遍。

节奏活动是人的一切活动的基础，大家可以想象水母一张一收的样子，在任何有生命的机体中，都有一种张弛动静的感觉交替。而音乐的节奏模式和曲调体系，很大程度上与人体的特征节律有着奇妙的共通。音乐的节奏可以影响人的行为节奏和生理节奏，例如呼吸速度、运动速度、心率等。听音乐还可以产生镇痛作用，由于人类大脑皮层上的听觉中枢与痛觉中枢的位置相邻，音乐刺激造成的大脑听觉中枢的兴奋，可以有效地抑制相邻的痛觉中枢，从而明显地减少疼痛。同时，音乐还可以促使血液中的内啡肽含量增加，也会有减少疼痛的作用。

从心理学视角来看，音乐心理治疗认为"情绪决定认知"。音乐治疗师正是利用音乐对情绪的巨大影响力，通过音乐来改变人的情绪，最终改变人的认知。但是，他们并不是简单地给被治疗者播放一些轻松美妙的音乐，就可以让痛苦的情绪得到缓解。相反，音乐治疗师会大量使用抑郁、悲伤、痛苦、愤怒和充满矛盾情感的音乐，来激发被治疗者的各种情绪体验，帮助他们尽可能地把消极情绪释放出来。当消极的情绪释放到一定程度时，音乐治疗师就会逐渐换成积极的音乐，以支持和强化被治疗者内心中积极的情绪力量，最终帮助他们摆脱痛苦和困境。

基于上述原理，我们不难明白，日常生活中为什么人们在失恋的时候，往往会听一些伤心的情歌，因为可以被歌曲共情。不过伤心、低沉的歌曲也不宜听得太多，我们可以在舒缓的音乐里找到平静，在激昂的音乐里找到力量，在清脆、轻快的音乐里感受快乐。除了被动地听音乐，主动地唱歌、参与演奏、跟随音乐起舞，也是调节情绪情感不错的途径。人的低沉状态很多时候就像被一种感觉所笼罩，一叶障目不见其他，而音乐能让我们想起生活中的其他部分。一首老歌能回忆青春，想起那些充满活力的岁月，一首《朋友》会想起和朋友的相互支持。疫情期间有一首歌很打动我，就是由生活点滴写成的《好好生活就是美好生活》。的确，在各种无常当中能够过好每天的生活，就是美好生活的真义吧。

艺术创作

艺术创作以及由此衍生出来的表达性艺术治疗，对心理健康也有很大的好处。艺术治疗的起源可以追溯到史前时代，人类出于对自然现象的畏惧与恐慌，在岩洞中留下表达敬畏之心的壁画。现代艺术心理治疗是由1930—1940年开展的精神医学运动发展而来的，它的理论基础有心理分析、心理动力学的概念。人们发现，看见和体会到的潜意识中的形象，可以作为潜意识及意识的媒介。近代心理学蓬勃发展，艺术因为具有表达、符号象征和创作等元素，被越来越多地应用到心理治疗当中。像弗洛伊德、荣格等心理学家，都曾用绘画的方式来记录并分析梦境。我国本土最大的心理咨询流派意象对话，更是就如何与意象对话进行了深入的研究和实践，总结了很多有益的经验。

表达性艺术治疗并不神秘，人活着的每时每刻都在表达，语言是表达，躯体是表达，症状更是表达。大多数心理疾病的根源，其实也是因为无法很好地表达造成的。表达是人类与生俱来的能力，也是每个人都有的权利，每个人都需要也都可以找到适合自己的表达方式，充分地表达自己，从而使心理疾患得以修复和愈合。

通过自发的创作，可以展现最原始且直接的情感与意念；借助艺术的形式，去发现自身与大自然的密切关系，同时在艺术创作或表现的过程中获得心灵的寄托，肯定自我存在的价值。具体而言，表达性艺术治疗的魅力在于，无论是通过游戏、绘画、音乐、舞蹈，还是戏剧等活动，这个历程常常能启发更多的想象及灵感，促进创造力及洞察力的产生，以一种非口语的沟通技巧来介入，同时也可以减少心理防御，让人在不知不觉、无预期的情境中，把内心的真实状况表达出来。释放被言语所压抑的情感经验，处理当事人情绪上的困扰，帮助当事人对自己有更深刻的、对不同刺激的正确反映，重新接纳和整合外界刺激，达到心理治疗的目的。

具有疗愈作用的艺术创作既可以单独进行，也可以团体开展，重点是大家共同营造出一种无危险、无威胁性的氛围。在这样的环境中，每个人都可以穿越时空的限制，达成与自我的对话。

艺术创作这个词，往往让人以为一定要创作出优美的作品才可以，这是一个典型的误区。美观不是关键，关键是表达自己的内心。拿画画来举例，我们一开始可以拿着画笔随意地在纸上涂鸦，慢慢地笔随心动，选择符合自己心情的蜡笔、彩色铅笔，然后画下自己的心情，可以持续画上好几张，慢慢地情绪就会涌动起来。

在心理学家看来，通常我们压抑的往往都是对自己很重要的情感。我们面对情感的方式比较容易通过身体来表达，所以很多压抑的情感都是通过身体以症状的方式表现出来的。如果能够释放出郁结的情感，身体层面的问题也会随之得到缓解，甚至减轻。表达的意义不仅仅是表达，所有的艺术治疗也具有承载和转化的功能。从这个角度来说，艺术治疗适合心身疾病，如在睡眠障碍、慢性疼痛、疑病、身心压力、焦虑恐惧、人际关系沟通等方面存在困扰的人群。

疫情期间，我创作了好几幅油画，常常是一整个下午全身心地投入画画中，练习从艺术家的角度来重新观察生活，发现更多的细节。我也会参加一些舞动治疗活动，跟随音乐舞动自己的身体，感觉到身体被注入了能量。

特别值得一提的是具有中国特色的艺术创作——书法。书法与心理的关系也非常近。基本上，书法作品的字体、笔画、布局，都可以反映出书法家的性格、情感、心境，如飘逸、坚定、潇洒、内敛等。通过书法作品，我们可以感受书法家内心的世界，比如苏轼的字、王羲之的字，观赏者都可以感受到其中的激情或者韵律。写书法需要专注、沉静，先沉淀思绪，将心灵与笔尖相融合，才能找到感觉。这种专注的状态可以达到静心的效果。据我观察发现，从小练书法的人，遇事更容易沉着，书法给人一种静气，所以也成为人们修身养性的好选择。临摹那些优秀的书法作品，可以感受书法家内在的积极状态，这个过程也会给人带来鼓舞和激励，激发人们的创造力和进取心。书法作品的个性化和独特性，可以帮助人们增强自我认同感，每个人的书写风格都是独一无二的，这种独特性可以让人更好地认识自己，建立自信心和自我价值感。

参加园艺活动

大自然是有疗愈力的。走进森林、接触植物，会让人感觉到生的气息，也会感受到宁静。研究表明，自然空间尤其是绿地和水景，不仅可以降低空气和噪声污染，还能缓解由高度注意力集中导致的精神疲劳与情绪焦虑。2005 年发表在《心肺疾病康复杂志》(Cardiopulmonary Rehabilitation) 的一项研究，对 107 例病人进行调查后认为，那些进行 1 个小时园艺活动的心肺疾病病人，比只接受一般性疾病治疗的病人心率更低。2008 年发表在《园艺技术》(HortiTechnology) 的另一项研究则显示，一家老年护理院的 18 名居住者，在进行 4 个小时的园艺活动后，他们的健康自我评价和幸福自我评价都明显提升。

园艺活动并不是以得到园艺的效果和植物的生长等为目标，而是旨在通过一系列活动，连接自然的疗愈力量，触发参与者的五感，在身体、社会、精神等方面达到更好、更理想的状态。

具体来说，园艺活动通常有三种：第一种，在室内或户外进行栽培、栽植活动，花艺设计，种植花卉蔬果，庭园环境维护等。第二种，强调手作的工艺活动，如制作植物饰品、植物染色、手作庭园步道等。第三种，户外教学，如在户外进行昆虫、动植物、土壤等知识学习。这项尤其适合带着孩子一起做，孩子对世界有着天然的好奇心，拥有了博物学习的机会，就不用担心"四体不勤，五谷不分"了。

植物的色、形对人类的视觉有着刺激作用。一般来讲，红花使人产生激动感，黄花使人产生明快感，蓝花、白花使人产生宁静感。人们可以通过鉴赏花木，来刺激、调节、松弛大脑。

植物的香味对人类的嗅觉也有着刺激作用。一些香气植物如薰衣草等，可舒缓头痛、失眠的情况，天竺葵可减缓焦虑及疲劳的状态等。另外，可食用植物对味觉有刺激作用，植物的花、茎、叶的质感对触觉都有刺激作用。除此之外，自然界的虫鸣、鸟语、水声、风吹以及雨打叶片声等，也对人类的听觉有刺激作用。去沐浴自然大气，接受日光明暗给予视觉的刺激，感受冷暖对皮肤的刺激，晚上疲劳后上床休息，有利于养成规律的生活习惯，保持体内生物钟的正常运转，这对失眠症患者有一定的疗效。

人的精神、身体如果不能频繁地使用的话，其机能就会出现衰退现象。局部性衰退会导致关节、筋骨萎缩，全身性衰退会导致心脏与消化器官功能降低、易于疲劳等。园艺活动，不论是播种、扦插、上盆、种植配置等坐态活动，还是整地、浇水、施肥等站立活动，每时每刻都在使用眼睛，同时头、手、足等都要运动，因此它可以说是一项全身性的综合运动。残疾人、卧病在床者以及高龄老人容易引起精神、身体的衰老，而园艺活动是防止衰老的最好措施之一。

刚开始接触园艺活动时，我们可以选择易于管理、易于开花的花木种类。园艺面对的是有生命的花木，长期进行园艺活动无疑会培养人们的忍耐力与注意力。何时播种、何时移植、何时修剪、何时施肥……植物种类不同，操作内容不同，则时间与季节亦不同，必须先制订计划，或书面计划或脑中谋划。盆栽花木、花坛制作以及庭园花卉种植等园艺活动，是把具有自然美的植物材料按照自己的想象进行布置处理，使其成为艺术品。这些活动可以激发创作激情，还可以提高审美。待到自己培植的花木开花、结果时，辛勤劳作的成果得到他人的欣赏和喜爱，会增强人们的自信心。喜爱园艺活动的人们以花木园艺为话题，产生共鸣，交流经验，也是充实生活的好方法。

作为农耕民族，有人说中国人基因里面就刻着对种菜的喜爱。植物带来欣欣向荣的气息，看着植物发芽、生长、开花、结果，真的会令人感到"心也打开了"。

品茶活动能静心

品茶，是一种非常具有中国特色的养心方式。所谓"开门七件事"，即柴、米、油、盐、酱、醋、茶，其中茶是中国人日常生活中非常重要的一部分。中国人喝茶的历史非常悠久，早在唐代时，世界上最早的一部茶叶专著《茶经》就已经问世。该书的作者陆羽收集了历代茶叶史料，详细记述了亲身调查和实践的经验，对唐代及唐代以前的茶叶历史、产地，茶的功效、栽培、采制、煎煮、饮用等知识都做了阐述，是中国古代最完备的一部茶书，使茶叶生产从此有了比较完整的科学依据，对茶文化的发展起到了积极的推动作用。

中国特色的静心方式还包括喝功夫茶，在日本被称为茶道，双方各有侧重。茶叶的功效会带来躯体的调整，但在本书中，我更愿意将之划入艺术的范畴。

我对于品茶活动印象深刻，有很好的体验。有一段时间工作比较忙,头脑里有各种事项等待处理,朋友则带我一起去品茶。这项活动有一定的次序,水煮开、清洗茶具、茶叶被泡开、出汤,然后分到每一位宾客的杯中,这一整个过程让人的心慢下来、稳下来,说话的声音沉了,说话的速度也慢了。生活要有仪式感,仪式带来一种恭敬。当心中恭敬的时候,那些与倨傲、贪心、嗔恨有关的烦恼,也就松了、淡了。每道茶冲出的茶汤颜色不同,香气也不同,看一看、闻一闻,再细品其中滋味,有的醇厚,有的清甜,有的回甘。身体的感官总是在当下的,各种感官打开、注意力在当下的时候,关于过去的懊悔、关于未来的忧虑,便不再是此刻的主旋律。茶叶本身富含茶多酚、茶氨酸、茶皂素等对身体有益的成分,感受自然的馈赠,可以重建内心的平衡。

当然,因为茶叶提神,所以一般不建议在睡前喝,容易失眠的人不建议喝。

12

关系慰藉心灵

见见喜欢的、有支持力的朋友

生活里有各种困难、挑战，所以每个人都需要一个"啦啦队"。这个啦啦队有时候可以提供情感的支持，比如我觉得你很好，我相信你可以，或者我知道你很难，跟我说说难在哪儿；又或者和他们一起去做喜欢的事，做完就心情舒畅了——因为朋友，我们有了更多的空间来消化困难感。有时候，他们可以为我们提供一些生活上的具体支持。比如，你说的这个事我有经验，或者我听说某某也经历过，你可以去借鉴一下他的经验，或者我知道哪里可以提供一些专业解决方案，专业的事交给专业的人，你只需要如何如何，就可以有人帮你解决那些具体问题，等等。

每个人都有自己的空间、优势、经验和资源，每个人内心深处也都有自己对世界的一份爱，能够支持朋友的时候，就像朋友曾经支持自己那样，帮对方渡过难关，这是爱的流动，也会让自己感到幸福。就像泰戈尔的一首诗《用生命影响生命》中写道：

把自己活成一道光，
因为你不知道，
谁会借你的光，
走出了黑暗。

请保持心中的善良，
因为你不知道，
谁会借着你的善良，
走出了绝望。

请保持你心中的信仰，
因为你不知道，
谁会借着你的信仰，
走出了迷茫。

请相信自己的力量，
因为你不知道，

谁会因为相信你

开始相信了自己。

我不是一开始就读懂了和相信这首诗的，因为我经历过黑暗、体验过绝望、感受过迷茫，也抱有过怀疑，是朋友在这时候接引了我。也因为我真诚地关怀过他人、秉持过善良、有信仰也有一些力量，我相信人性深处有爱、关怀和光，所以我最终读懂了这首诗。

我诚恳地鼓励读到此处的你，在需要支持的时候鼓起勇气，和朋友聊聊自己的难题。如果你不确定哪个朋友能够有力地支持你，目前还有很多公益倾听热线，你可以在需要的时候拨打。在我成为一名心理咨询师后，我遇到了许多同行，他们中的许多人都遭受过一些创伤事件，也曾灰心失望，但他们被"助人与自助"吸引，仍然想要给予他人爱和支持。

宠物带来心理疗愈

大约 4 万年前，从狗被驯化开始，人类就开始了与宠物之间的联系，并一直延续至今。宠物的陪伴有不少好处，包括减少孤独感、调节情绪、增加社会支持感、改善健康等。

心理治疗中有一个分支叫作动物辅助疗法。其中比较流行的一种是马辅助心理疗法，也被称为马术疗法或马疗法。这种疗法在治疗悲伤、成瘾和创伤等问题上的效果，是有充分依据的。人们可以通过与马的互动,重新学习如何识别和恢复自己的感觉,调节自己的情绪,以及更好地沟通。骑手也可以通过学习如何与马建立信任,从而重拾自信。

目前,国内做马术治疗的很少。但在日常生活中,人们对于宠物则持一种更加欢迎的状态。疫情期间,领养宠物的人变得多了,年轻人对于幸福的标准多了一条,就是猫狗双全。很多人表示,看见毛茸茸的小动物就心软了,而宠物能给孤单的都市人带来依恋的感觉。

心理学有过一个非常著名的恒河猴实验,实验者哈里·哈洛将一只刚出生一天就与母亲分开的恒河猴,放进一个与外界隔离的笼子中。然后他用两个假猴子来代替它的妈妈,其中一个是用铁丝做成的猴妈妈,它拥有一个24小时提供奶水的奶嘴,另一个则是用柔软的毛绒做成的猴妈妈,但没有奶水提供。最初的几天,小猴子为了生存,大多数时间都依偎在铁丝妈妈的身边喝奶。慢慢地,小猴子除了在肚子饿的时候会来到铁丝妈妈身边,其余时间几乎都依偎在毛绒妈妈的怀里,并紧紧抱着不愿松开。

这起实验证明,依恋是哺乳动物的本能。对于人类来说,依恋尤其重要。另有科学研究表明,和喜欢的宠物在一起,人类的大脑会释放多巴胺,又名快乐激素,以及其他能让人感觉良好的激素,如血清素、催乳素和催产素等,这些激素能够减轻身体的疼痛,提供安慰。

也许不是所有人都知道,独处是一种能力。英国心理学家温尼科特有一篇著名的文章叫《独处的能力》，他提出，独处的能力需要建立在一种体验上，这种体验就是母亲在场时婴幼儿独自待着的经验。也就是说，独处需要个体的心理现实中有一个好的内在客体存在。

什么是"好的内在客体"？当我们还是个婴孩的时候，母亲若能回应我们的需求，比如在我们饿的时候给我们哺乳，我们便会有好的体验，会认为她是"好妈妈"。如果母亲能够反复、及时地回应我们的需求，使得这种好的体验不断被重复，渐渐地，在我们的内心里便会形成一个"好妈妈"的形象，也就是"好的内在客体"。即使母亲不在我们身边了，或者当她不再能满足我们需求的时候，我们也能依靠内心的这个"好妈妈"给予自己所需要的陪伴与安抚。这意味着，我们与这个"好的内在客体"形成了一种好的关系。

一个人有过好的关系，就会对现在和未来产生自信感。当一个孩子寻求依恋对象的在场，但由于一些原因这个对象没有在场，孩子就会寻求过渡性客体，这就是为什么很多小孩离不开一个玩偶，或者一块带有妈妈气味的布。

现实生活中，我们不难发现，不是每一个人在独处的时候都能感觉内心平静，一些人在独处时会感觉"精神涣散"。如果有这种情况出现，就需要给自己营造一种有他人在场的感觉，比如打开电视或手机，让里面播放的节目作为一种环境背景音，或者到咖啡馆、图书馆等有人在场的地方待着。如果可以养宠物，当它们悠闲地在家里走动，作为另一个生命在场，则会让我们的心变得柔软,让孤独的时光更容易被接受。

疫情之后,许多朋友都开始关注萌宠、熊猫的视频,也是无意识地想从中得到心理安抚的体现。

练习:两个放松的意象

1. 连接大地母亲

跟着引导语做一个放松的想象,可以有效帮助身心放松。这样的意象有很多,在这里我选择中央财经大学心理学系副教授苑嫒老师研发的"连接大地母亲"意象,适用于青少年与成年人。这个练习可以增强自信心、体验稳定感、踏实感和滋养感。网络上可以找到相关音频,下面是引导语:

> 选择一个舒服的姿势坐好,你的身体放松,深深地吸气,把放松和信任都吸进来,慢慢地呼气,把紧张和疲惫都呼出去,然后从头部开始,慢慢地放松,脸放松、颈部放松、肩膀放松、手臂放松、胸口放松、腹部放松、背部放松、腰部和臀部放松、双腿放松、脚放松,让身体从头到脚的每个部分都放松下来……请想象你的眼前是一片非常辽阔、非常广袤的大地,一眼望不到边,淡淡的金色阳光照耀着大地,温暖而柔和,既不刺眼,也不炽烈;深褐色的土壤松软而潮润,甚至可以闻到土壤的清香。在这片

大地上，有森林、河流，到处是鲜花和青草。你站在广袤的大地上，很自在地呼吸着新鲜空气，心情格外舒畅。如果愿意，可以坐下来或者躺下来，用手轻轻抚摸松软的土壤，用你的身体或双脚去感受大地的厚重与沉稳。仔细感受，大地母亲就是这样承载着你，也承载着万物生灵；滋养着你，也滋养着万物生灵；疗愈着你，也疗愈着万物。请你仔细体会大地母亲的稳定感、庄严感，还有丰饶感，可能还有其他好的感受。请你记住这些美好的感受，和大地母亲相连接的稳定感、庄严感和丰饶感。

2．连接内在孩子

　　觉察和放松一下我们的头顶、后脑，把带着关怀的觉察力带到这些部位来，对身体的这些部位非常的友好、亲切和关怀，放松和觉察一下我们的颈椎、脖子，还有喉咙，把关怀带入到这些部位来。

　　觉察一下两个肩膀，慢慢地放松……我们的两个胳膊，还有双手，花一点时间感受一下我们的前胸和后背。不管有没有感觉，或者感觉是怎样的，我们都允许它们如其所是，只需要放松就好。

　　觉察一下我们的腰腹部位，感受一下我们的胯部、臀部、大腿部位、膝盖、小腿，还有我们的双脚，轻轻地把关怀带入这些部位来，感受它、接纳它、关怀它、放松它。

整体性地感受我们坐着、坐着、坐着……身体与坐垫的接触、双手的接触、双脚的接触。

我们现在可以轻轻地向内看一下此刻自己的身心，可能内心觉得比较安定，也可能会觉察到自己的身心里还有一个部分不能够完全放松，似乎还有一点点的紧张，有一些不安全感或者焦虑。或者有些部分还有那么一点点的负面情绪，我们就轻轻地看一下，心里的那些带了负面情绪的部分，看看它是怎样的一种焦虑、担忧或者说是负面的心情。

假如用一个孩子的意象来象征它，那会是怎样的一个无法放松、不太安全的小孩呢？

当我们看到这个部分的时候，可能觉得那是一个带着恐惧和不安全感的孩子……也可能是一个孤独地蜷缩在角落里的孩子。他可能会觉得悲伤，或者觉得有点迷茫，有点无助，甚至是觉得受伤和痛苦。

当我们看到了这样一个孩子的时候，可以在想象中轻轻地走近他，在离他适当的距离停下来，轻轻地注视着他，好像在说："我看到了你的存在，我愿意陪伴你；我看到了你的存在，我愿意陪伴你；我看到了你的存在，我愿意陪伴你……"

用一种非常接纳、非常友好、非常开放的心态，轻轻地看着心里这个悲伤、恐惧、不安的部分，让他感受到你的友好、你的开放性和接纳。此刻你不想去评判，只想去理解和陪伴。因为你懂了他的痛苦，知道他的艰难。也许他想要你张开怀抱拥抱他，让他在你的怀抱里释放所有的委屈、悲伤，所有的恐惧和孤单；也许他什么都不想说，只希望你给他距离和空间、安静的陪伴，与他同在。让我们也给自己一点时间，深深地去陪伴他，好像在说："我知道、我知道；我理解、我理解；我愿意陪伴你，与你同在……"

当这个内心里最脆弱、最孤单、最无力的部分得到了我们的关怀和理解，他慢慢地放松的时候，我们就可以把爱心给他，好像在说："此刻我把爱心和祝福给你，愿你平安，愿你内心安宁，愿你获得快乐和健康，愿你自信和通达；此刻我把祝福给你，愿你平安、愿你内心安宁，愿你获得快乐和健康，愿你自信和通达……愿你平安，愿你内心安宁，愿你快乐和健康，愿你自信和通达……"

深深地向他开放，与他同在。在我们的理解、祝福和陪伴中，让他重新获得爱心的滋养、慈心的疗愈、感受到光明与他同在……我们也慢慢看到，他内在也有光明和美好，我们也把祝福给予这些美好，好像在说："我看到了你的内在光明，我也祝福你，允许你成为你自己。此刻的你是被尊重的、被允许的；此刻的你是被尊重的、被允许的；此刻的你是被尊重的、被允许的。"

我们也把爱心和光明释放给整个世界、所有的存在。愿这个世界是友善的，愿这个世界的众生平安、健康、快乐和通达；愿这个世界是友善的，愿所有的众生平安、健康、快乐和通达；愿这个世界是友善的，愿所有的众生平安、健康、快乐和通达。

我们在这个状态里停留一会儿。

（五分钟后）

现在大家做一个深呼吸，深深地吸气、慢慢地吐出来，稍微活动放松一下全身，慢慢地睁开眼睛。

我们轻轻地把手搓热，搓热以后，搓一搓脸，感受自己容光焕发、头脑清醒的感觉。我们搓一搓脖子，脖子酸痛的，捏拿一下颈椎，按揉一下脖颈的肌肉，观想颈椎通畅，把关怀给到颈椎的部位。

然后，我们用拳背从上往下按揉脊柱，按揉的过程中，我们也可以观想脊柱通畅，把爱心和关怀给到背部和脊柱。多做几遍，直到你感觉到背部有通畅和放松的感觉。

有的人可能肩膀有点紧、有点疼，我们也可以捏拿一下，把爱心给到我们肩膀的部位。腰部不舒服，也可以揉一揉腰眼、搓一搓腰部，把关怀给到我们的腰部，把爱心带入这些部位来。

◆ 小练习：

还有什么自我关怀的方法是书中没有提到的？写出你喜欢使用的方法。

13 精神力量指引

有一个夜晚,我做完咨询回到居住的小区。走过树影,抬头看到天上的皓月,我突然想到,这也是苏东坡看过的月亮啊!那一瞬间,东坡先生的豁达好像也照在了我的身上。人世变化、辛酸无奈、创伤眼泪、离愁别恨,在我们数千年的历史上有那么多人曾经历过。陈子昂的"前不见古人,后不见来者。念天地之悠悠,独怆然而涕下"引发许多人共鸣,恰恰是人们在他的怆然中撞见了自己的怆然,谁说不是一种相遇和相互安慰呢。而我也在月光中接收到了那些先贤的精神力量,不只有东坡的,还有孟子的、张载的,还有弗兰克尔、尼采的,等等。

学习先贤，将苦难转化为力量

地震、火山爆发、洪水、旱灾、龙卷风、台风等自然灾害，具有可以毁灭世界的力量，既是不可避免的，也是不可抗拒的。战争、亲人的去世、情感的丧失，以及事业、学业上遭受的挫折等，也是每个人不得不去面对的境遇。通常情况下，人们会把苦难视为一种消极的、不好的部分，如果我们仅仅是被动地受其压制，或者感受到被压制的话，那么它就是完全没有意义的。但如果一个人能够有意识地承受苦难，就会发生一些关于自我认同感和生命方向感的转变。当他经受了苦难的洗礼，重获"新生"时，也会达成一种新的意识状态，从而超越苦难。

心理学家弗兰克尔在二战期间曾被关进奥斯威辛集中营，他发现一个人内心如果存在着意义，或者对未来生活还有期望，即不放弃"最后的内在自由"，并以尊严的方式去承受苦难，他往往更有可能在纳粹的折磨中生存下来，这种方式本身就是一项"实实在在的内在成就"。弗兰克尔认为，虽然我们没有自由选择苦难是否发生，但我们可以选择面对苦难的态度。后来，弗兰克尔在自身经历的基础上创建了意义疗法。

《易经》中遁卦和蹇卦都描述了面对苦难时的态度。《序卦传》中说："遁者，退也。"退，从艮，遁卦上乾为君子，下艮为山林，有君子退居山林之象。退回亦是为了更好的发展。蹇卦《象传》说："蹇，难也，险在前也。见险而能止，知矣哉!"意思是说,蹇,艰难啊,险境就在前边。看到险境而能(提前)停止,真是明智啊。蹇卦《象传》说:"山上有水,蹇。君子以反身修德。"意思是说,险峻的高山上又有水险,象征着行路艰难,君子由此领悟反求自身,修养道德。当我们发现面对苦难的抵抗、努力都是徒劳的时候,全然地放开未尝不是给事情发生自然而然的转变提供机会。学着与病痛、孤独等苦难共存,接受它们的存在是无法避免的,反而可以为我们保留精力和实力,给我们内在更多的自由感。

苦难能够促进一个人的成长,会让人产生一种全然不同的、对于生命的理解和看法,也会使人发现和找到一种心理意义。意象对话心理学中,心理师的初级资质对应的象征是珍珠。蚌泪成珠,是把伤痛转为资源的象征,一个能够转化自身伤痛的人,也比较能够帮到他人。

学习先贤,在无常中安住自己的心

人有悲欢离合,月有阴晴圆缺,此事古难全。对无常最极致的体验是人生短暂,我们终将离开。

在我的心理咨询实践中,也遇到过癌症病人来做辅助的心理干预的。当死亡近在眼前、不可回避的时候,人们就会开始思考无常,思考到底什么对我是重要的。有的人可能会突然领悟到,既然我之前没有为自己而活,那么接下来的时间里我要做什么事。这是因为他突然感觉到了一些真正对自己有意义的事。是的,"有限"会帮助我们看见那些真正重要的东西和那些亘古不变的东西。

如果只看到无常的一面,生命就会有一种漂泊感、浮萍感。如果用心去体会,生命又不仅仅是一趟漂泊的旅程。

就像春天很美,古诗词中有许多惜春的诗句,如"惜春长怕花开早,何况落红无数",又如"才始送春归,又送君归去。若到江南赶上春,千万和春住"。同时,我们也会读到"去年今日此门中,人面桃花相映红。人面不知何处去,桃花依旧笑春风"的人世变化。春天总是会来,就像疫情期间人们不能出门踏青赏春,草木仍将发芽,花朵仍将绽放。

哪怕《红楼梦》里讲了,大家族的兴衰历程"好一似食尽鸟投林,落了片白茫茫大地真干净",如此的无常,宝黛的真心真情、相互懂得,几百年后仍然会打动读者。作者对于人情世事的洞察分明,也让这部经典作品至今仍吸引着人们津津有味地研究。如果只看到事物无常的一面而忽略恒常的一面,或者只强调恒常不变而不谈变化,都是不完整的,无常和恒常是辩证地存在的。为什么很多电影作品即使有一些耳熟能详的套路,却仍然有人爱看,就是因为爱、信任、理解、慈悲、冒险、成长、求索、智慧等是人类亘古不变的追求。

因为那些重要的东西不变,所以也如苏东坡所言:"此间有甚么歇不得处?"我们完全可以少一点匆忙,多一些时间体会生活。我注意到,疫情之后很多人的生活节奏有所调整,可能也是感受到了意外和无常之后而有一些自然的改变吧。

学习先贤,超越个体的心境

历代的中国人是怎么安身立命的呢?《论语》教我们学做君子:君子坦荡荡;文质彬彬,然后君子;君子泰而不骄……人人都有动物本能,人人都有自恋、自私,但是学做君子,有好的品行,就不会迷失得太远了。《论语》是孔子教导弟子的言行合集,孔子一生也经历了很多变故和意外,但他的精神不仅超越了个体的哀痛,也超越了时代。

在消费主义和自恋文化的双重影响下,人们时常陷入内卷还是躺平的迷茫之中,生活过得乏味,不知道活着的意义。很多人只是被欲望驱动着行动,"欲"这个字拆开看就是"谷欠",因为有欠和不够的感觉,所以要去努力。但是,他们只能在欲望满足的那一刻感到放松,随后又产生了新的欲望,伴随着新的焦灼。而我们中国文化的博大精深在于,不断有人在追寻、回答关于生命意义的讨论。北宋张载著名的"横渠四句"言简意赅,历代传颂不衰:"为天地立心,为生民立命,为往圣继绝学,为万世开太平。"它让古往今来的很多人都有共鸣。

孟子说:"生,亦我所欲也;义,亦我所欲也。二者不可得兼,舍生而取义者也。生亦我所欲,所欲有甚于生者,故不为苟得也;死亦我所恶,所恶有甚于死者,故患有所不辟也。如使人之所欲莫甚于生,则凡可以得生者何不用也?使人之所恶莫甚于死者,则凡可以辟患者何不为也?由是则生而有不用也,由是则可以辟患而有不为也。是故所欲有甚于生者,所恶有甚于死者。非独贤者有是心也，人皆有之，贤者能勿丧耳。"

生命是我所想要的，但我所想要的还有比生命更重要的东西，所以我不做苟且偷生的事。死亡是我所厌恶的，但我所厌恶的还有超过死亡的事，因此有的灾祸我不躲避。如果人们所想要的东西没有比生命更重要的，那么凡是能够用来求得生存的手段，哪一样不可以采用呢？如果人们所厌恶的事情没有超越死亡的，那么凡是可以躲避灾祸的办法，有什么不可以做呢？采用某种手段就能够活命，可是有的人却不肯采用；采用某种办法就能够躲避灾祸，可是有的人也不肯采用。由此可见，他们所想要的有比生命更宝贵的东西；他们所厌恶的，有比死亡更严重的事。不是只有贤者有这种本心，其实人人都有，只不过贤者能够不丧失这本心罢了。

《道德经》里说："失道而后德，失德而后仁，失仁而后义，失义而后礼。"得道、合道、与道同行是中国人心目中人格的至高境界，当然这很难做到。如果暂时还做不到与道同行，那么就做一个有仁爱之心的人吧！仁爱也是一种境界，也需要不断修行。有时候因为情结而心有怨怼，不能仁爱了，我们还有"义"。心中有义，如见义勇为、履行义务、承担责任，人生也不会有太大的偏差。再不济，我们还可以做到"礼"，对人尊重有礼。

意象对话心理学发现，人们内心深处有"信爱知行"这四种基本品质，通过它们可以评估出一个人的人格发展程度和心理健康程度。只要一个人能够信任自己也信任他人、爱自己也爱他人，知自己也知他人，能有动力去做事也能帮助他人做事，那么这个人的心理健康水平就是不错的。不难发现，这和先哲提出的"仁义礼智信"有相呼应之处，这些重要的价值观亘古不变，也反映了生命的规律。如果能做到不被当代的自恋文化和消费主义带跑，过上符合心理健康规律的生活，那就是坦荡、舒展、不惧变化的生活。

更年轻一些的时候，我也未必读得懂这些书，或者没想到这些和自己的生活、生命息息相关。但成为心理咨询师的这些年，倾听了很多人的生命故事，我更愿意做一个追寻道的人，想要走在合道的路上。

Part 4

每个人都需要找到内在的稳定

韧性在于灵魂和精神,而不是肌肉。

——亚历克斯·卡拉斯(Alex Karras)

上一章介绍了自我关怀、自助减压的方法，因为心理咨询本身就是一个高压职业，每一节工作中都可能遇到创伤材料，可能因为暴露在来访者的创伤故事里而感到共情耗竭和职业倦怠，所以在心理咨询师的培训当中，通常都会提到咨询师自我关怀的重要性。下面介绍的十种方法，都是我自己用过、觉得比较有效且基本没什么副作用的。但是，是不是有这些方法就足够了，或者是不是这些方法适合每个人呢？答案是因人而异。心理学研究发现，当意外来临时，一个人能不能较好地应对，与他内在的稳定感和自信心有很大关系。这并不难理解，稳定感较好的人，不容易被意外撼动；自信心足的人，心态也会相对平稳。

14

稳定感与自我分化

那么,什么是稳定感呢?《情绪词典》一书中说,稳定感是个体对稳定的感受。人能感受到稳定感的条件是,某个事物是近乎不变的,即使有力量在推动它,它也能保持不变动或变动得很轻微。

稳定感和什么有关呢?从外在条件看,稳定感与我们生活的时代、身处的环境有关。在农业时代,人们生活在村庄里,根据节气来播种或者收获,日出而作,日落而息,生活跟着自然的节奏,心不容易乱,谁家遇到意外,也都会有乡亲来帮助。如今,我们生活在信息时代,科技发展日新月异,人口流动、工作变化,各种广告诱惑着人们的竞相追逐,不管是开心的还是不开心的变化,都需要身心做出适应。如果我们没有一定的稳定感和定力,忙忙碌碌一辈子,很难说现在的我们比农业时代的人更幸福。

内心的稳定感来自哪里呢？如果没有摇撼过它，那么不一定会产生稳定感。摇撼巨石、大树，因其不动而让我们产生稳定感。同理，当一个人的情绪不容易被外界扰动，行为方式一致性高，被冲击时不变化，也会给人稳定感。

人在婴儿期能否建立稳定感呢？这主要取决于母亲或主要养育者的情绪和性格。如果母亲的情绪和性格较为稳定，婴儿在这种稳定的环境中逐渐找到和母亲互动的方式，就能够建立最初的稳定感。反之，如果母亲喜怒无常，或者频繁地更换养育者，如孩子在不同的亲戚家被送来送去，那么孩子很难形成一套与世界相处的方式，就会造成孩子没有一个稳定的自我，就可能会出现人格问题，甚至形成人格障碍。

现代社会特别流行"活出自我"这样的话，很多人有共鸣，是因为每个生命的确都有自主意志。也有人会觉得奇怪，难道大家每天在做的不是自我吗？讨好的"我"就不是我了吗？自卑的"我"就不是我吗？

这里面需要说明一个重要的问题——在心理学上，自我到底是怎么一回事呢？

首先，"自我"有生物基础说，不仅仅是人类，动物也有基本的"我感"，比如动物有领地意识，动物会争夺生存和交配资源，这些都是为了"我"。人类的自我比动物的更复杂之处在于，人类自我的形成会受到环境的极大影响。一开始，一个人的自我是和母亲的自我相融合的，甚至一个孩子在最开始的时候，意识不到外面还有母亲这个人。心理学家埃里克森发现，零到一岁半是一个人建立信任的黄金期，母亲（养育者）有没有基本的回应，会给这个孩子回答关于"世界是可信的，还是不可信的？"这个问题打下基础。当基本的信任感建立后，孩子心里就稳了。

这就像是一个悖论，每个人都需要一个自我，但这个自我一开始是和母亲的自我融合一体的。很多新手妈妈在最开始的一两年里总是感觉很辛苦，就像妈妈的"自我"被孩子无情地征用了一样。后来孩子大一点了，他自然开始感到母亲（养育者）并非"我"的全部，"我"的喜好和母亲的喜好不一样，"我"的心情也和她的心情不一样。这个时候，孩子的自我开始从母亲身上分化出来，也就开始有了冲突。如很多人看到的那样，两岁半左右的孩子会经历一个喜欢"说不"的阶段，这是一个人建立自我的开端。到了青春期，他会更加强调自己的空间、自己的选择，逐渐形成"自我同一性"。如果顺利的话，他会在成年早期就实现一定程度上的自我分化。有研究表明，自我分化水平和一系列心理健康指标、积极心理品质有关，如宽恕、谦逊、正念、情绪管理能力等。如果因为一些原因（特殊事件、父母性格、代际创伤等），一个人的自我分化水平较低，就会更容易出现负性情绪，如焦虑、抑郁，以及关系依赖、低自尊、关系压力、适应不良等心理问题。

自我分化这一概念，最早由家庭系统理论提出者莫瑞·鲍恩在 1988 年提出，是一种不受他人接纳与否影响的自我认识和自我界定。自我分化涉及两个层面：内在层面能区分理智和情感；人际层面既能独立又能亲密。当个体逐渐从原生家庭分化出来，将使其获得自我认同感，能够接受自己在想法、感受、知觉以及行为方面的责任。

研究发现，一个人的自我分化水平主要取决于两方面因素的影响：其一，原生家庭成员的分化水平；其二，和原生家庭主要成员的关系。如果原生家庭成员分化水平较好，个体就不必卷入和受制于其他成员的情感压力，因而拥有较高的自主感。反之，个体就会难以自主地感受、思考和行动，在家庭外的关系中也会呈现出类似的状态。基本的分化水平在青少年时期初步成型，在今后的人生阶段通常会保持稳定，但在后续的研究中发现，在心理咨询师的训练过程中，通过深入剖析受训者的家庭结构，促进受训者个人困扰化解，加强案例指导等方式，可以在一定程度上有效提升受训者的自我分化水平。

由于原生家庭中的依恋问题未被解决，低分化水平个体的自我感较弱，常常通过做出情感反应以及同他人融合的方式来应对焦虑。因为如果一个人内心有强烈的不稳定感，这种不安会让他追求稳定。这种情况下，我们就不难理解这种人在面对意外的时候，应变能力和灵活性就会相对较差。

意外的发生会对人的自我有一定冲击，能不能耐受这个冲击，取决于意外发生时和发生后，我们能够做什么来应对和补救，而这种应变能力和在意外发生前一个人的自我稳定程度息息相关。

15

要形成稳定内核，个体可以做什么

非同寻常的生命经历和做出促进分化的努力，可以在一定程度上改变一个人的基本分化水平，增强自我分化感。临床经验表明，如果想成功修正原生家庭关系中形成的基本分化水平，个体必须持续做出从原生家庭中独立的自我努力。具体来说，可以怎么做呢？涉及改变自我，还是需要从觉知开始。

人们关于自己的想法，大多都是从自己出发的，所以是片面、不实的。比如，"只要别人不惹我，我情绪挺好的""只要你听话，我就好了"。根据这个逻辑去捋，谁是主人呢？是自己，还是那个惹我的人呢？

明代思想家王阳明在讲学中也遇到过类似的问题。有学生问他："静时亦觉意思好，才遇事便不同，如何？"王阳明回答："是徒知静养，而不用克己工夫也。如此，临事便要倾倒。

人须在事上磨,方立得住,方能'静亦定、动亦定'。"

组织行为学曾经有个研究,在绩效好的高管中,"自控型"的人要远多于"外控型",从而得出结论说,较少受到外界的干扰是有利于一个人的发展的。找到"稳住"的感觉,获得更多的自主感,也是人走向成熟的重要标志之一。

在本书第二章中,我们详述了如何对情绪做觉察。一开始做这个觉察时,我们往往觉察到自己下盘不稳、一激就跳,注意力和心理能量都投注到了对方身上。

有心了解自己、探索自己的人,则会反复做一件事:回到自己的感受上,继续体会。只有回到自己的感觉上,心才可以收回来而不是散出去。看到更多的感觉,是找到更多的依凭。直到越来越多次地反求诸己,才明白被激发情绪的瞬间还是自己这里有情结,这情结就是过去的经历带来的"颠倒梦想"。比如,期待别人都以特定的方式对待自己,期待别人都爱自己、认可自己。这是把自己的力错用到了别人身上,把满足自恋的梦想寄托在了别人身上。

我们的文化里还有一个有意思的事情是功夫。比如太极功夫,我曾学习过一阵子,太极老师教的第一条是:立身中正。"立身",不是指人的某个姿势、动作、造型,而是一种行为,是指练拳时如何处理或协调好形与意等方面的矛盾冲突。这里的"中正",是指身体内部的对称、平衡、沉稳,并非简单的形态之谓。立身中正,是在练拳中保持一种平衡的"中",而不是外形的中正。中正的拳式,技术要求是下盘稳固,其目的是为"八面支撑"服务。在人-我关系里也一样,一个人能不能支撑起自己,姿势能不能保持平衡,身体有没有前倾,转化是不是灵活,是不是别人一勾手自己就要跌倒,别人一撒手自己就得踉跄?见招拆招,自然是要有清楚的觉知,要眼快,但首先还得是自己稳,对于自己的状态始终保持一个悬浮注意(无意识的,没有特定指向的注意)。

作为一个现实生活中的人,我们的出招使力更是要稳。譬如,"我好不好"这件事的标准可能不重要,重要的是,内在的谁在问"我好不好",谁需要"被认可",谁没有得到想要的那一份看到。觉察到以后,将"看到"给到内在想要的部分,通过这种方式,稳住内在的部分。如果还有"受害"的念头和感觉,也要去看到和理解背后隐藏的痛苦或无力感,随着种种感受的被看到和被抱持,生命的宽度、广度和厚度自然就增加了,人的自尊心不会一直那么脆弱。那种"别人如何如何,我很不爽""别人如何如何,所以我不得不如何"的感受就会减少了。

被钳制得少了,多出来的空间即是自由,我们就能品出一点"清风拂山岗,明月照大江"的味道来。想起寒山与拾得的对话,昔日寒山问:"世间有人谤我、欺我、辱我、笑我、轻我、贱我、恶我、骗我,当如何处治乎?"拾得答:"你且忍他、让他、由他、避他、耐他、敬他、不要理他。再待几年,你且看他。"在这里,我们不要将拾得的回答理解成刻意的忍让,因为当我们内心释然了与尊重有关的议题,我们就能给自己实实在在的支持,宽容自在就像泥土松软自然。这种自尊、自重里自带一种不慌不忙,自然不会沦为给假想的观众的一场表演,而是一日有一日的精进。

这也是为什么,在传统文化"求智慧"的道路中都有修定的方法。儒家有静坐修身,如《大学》所言:"大学之道,在明明德,在亲民,在止至善。知止而后有定,定而后能静,静而后能安,安而后能虑,虑而后能得。物有本末,事有终始。知所先后,则近道矣。"这一段是说,大学的道,在于彰显人人本有、自身所具的光明德性,再推己及人,使人人都能去除污染而自新,并且精益求精,做到最完善的地步且保持不变。知道应达到的境界才能够志向坚定;志向坚定才能够镇静不躁;镇静不躁才能够心安理得;心安理得才能够思虑周详;思虑周详才能够有所收获。每样东西都有根本、有枝末,每件事情都有开始、有终结。明白了这本末始终的道理,就接近事物发展的规律了。

《庄子》中讲:"至人之用心若镜,不将不迎,应而不藏,故能胜物而不伤。"是说修为高的人用心就像一面镜子,对于外物是来者即照、去者不留,应合事物而心中不留痕迹,所以能够反映外物而又不因此损心劳神。

《庄子·达生》通过向世人讲解"呆若木鸡"的故事,来表达定力的可贵。"纪渻子为王养斗鸡。十日而问:'鸡已乎?'曰:'未也。方虚骄而恃气。'十日又问,曰:'未也。犹应向景。'十日又问,曰:'未也。犹疾视而盛气。'十日又问,曰:

'几矣。鸡虽有鸣者,已无变矣,望之似木鸡矣,其德全矣,异鸡无敢应者,反走矣。'"

这个故事是说,纪渻子为齐王驯养斗鸡,齐王十日复十日地一直问斗鸡养没养好,纪渻子一直说还没好,直到把活蹦乱跳、骄态毕露的鸡,养成目光凝聚、纹丝不动、看上去好像是木头鸡,才算差不多养好了。这样的鸡才是真的厉害,根本不必出招,就令对手望风而逃,没有敢应战的。故事的寓意是,真正有大智慧的人表现出来的也许是愚钝、木讷,将胜负置之度外反而可以取胜,成功之道在于养成良好的心理素质。

仔细想来,身处信息时代忙碌的现代人,要想直接学习古代的经典是存在一些困难的。也许是因为春秋时期的人相对简单质朴,也许是因为百年以来民族遭遇了许多创伤,文化也出现一些断代,也许是因为这是个自恋的时代,人们花大量的时间精力在维护脆弱的自尊上。而学习经典这件事,一旦有自欺、自责,就容易跑偏。曾子的"吾日三省吾身"也会成为一种隐性的自我压抑,反而流于傲慢和不自信。

从这个意义上来说,心理学和心理咨询可以作为当代人与先贤沟通的一个桥梁,弥合普通人和传统修行的差距。在心理咨询领域,很多人走进咨询室的主要原因,也与人际关系中的脆弱、不够自信、不能坚持自己的主张有关。研究表明,抑郁与低自尊有很强的相关性;许多时候,焦虑也和当事人在意自己的表现是否让他人满意有关。

心理咨询的实践告诉我们,自信有三个来源:被爱、自知和做"正确"的事。生来有人爱，有人无条件积极关注，我们就会自信；照镜子一样看清楚自己长什么样，也会带来自信，哪怕我们在某些方面不出色、不如他人，真正看清真相也会给我们带来一种自信。如果脱离真实的自我，伪装成某种"人设"试图外求认可和补偿，那么我们不会有真正的自信。

我自己在体验过程中发现，接纳自己本来的样子的确会带来一种自信。面对他人的目光时，我会让自己放松一些、再放松一些，"回到自己"的速度越来越快、能力越来越强，也就更能区分哪些是我的情绪、我的需要，哪些是别人的情绪和需要，自我稳定性也因此而逐渐提高，遇到大事时心里也更稳了。

16

咨询室中的自我分化

对于一些人来说,自己一个人"修定"、完成性格上的迭代升级还是有难度的。这种情况下,心理咨询师可以提供帮助。那么,咨询师是怎么做的呢?我可以举一个自己的案例作为说明。

来访者是一位29岁的男性,我们叫他小远吧。小远毕业后来到了一家公司,他勤劳肯干、服从管理、任劳任怨、工作热情,得到了领导和同事的一致肯定。同事遇到困难也愿意找小远帮忙,小远虽然有时候也觉得辛苦,却不善于拒绝,想着帮忙也能多学一些东西,每每总是尽自己所能。

两年之后,有人提拔晋升,空出了一个中层岗位,领导觉得小远付出多、工作也干得不错,就提拔小远担任中层领导,负责一个项目组,手底下管四五个人。没想到,小远却因此开始有了烦恼和压力。

为什么呢？

因为小远觉得，手底下的人真是不好管啊。他们对任何事情都有不同的意见，从前领导说什么他们就怎么执行，现在却不是这样了。还有，这些人有自己的需要，没有把时间和精力都放在工作上。

为什么下属的表现跟自己想的不一样？小远的情绪渐渐有些失控，项目组中的人际关系也日渐紧张起来。

后来，小远走进了心理咨询室寻求帮助。以下是咨询中节选的逐字稿（将所讲的每个字都记录下来）。

咨询师：所以，这些情况让你感到怎么了呢？

小远：觉得……烦躁！为什么会这样？

咨询师：现在事情是这样发生的。如果我们把注意力放到自己这儿，外界这样的事让你怎么了？

小远：我的意志受阻了……

咨询师：哦，意志受阻的时候，你有什么感受呢？

小远：受挫感，也有种憋闷感，同时还会有种伤心，觉得自己的用心不被理解。

咨询师：你在生活中还有其他时候，有过这种感觉吗？

小远：跟我女朋友之间也是这样，很多事情我都告诉她怎么做会更好，她也听不进去。

咨询师：为什么想要告诉她怎么做？

小远：因为看她走弯路着急啊，也是怕她会受挫、会难过。

咨询师：虽然我这样问可能会有点奇怪，要是她受挫了、难过了，会让你怎样？

小远：她受挫了，我会觉得都是我没有保护好她，本来我可以保护好她的。其实每一任女朋友，我都觉得我有责任保护她们，但好像她们都会觉得我好像在控制她们。

咨询师：愿意谈谈你和爸爸妈妈的关系吗？

小远：还可以吧。就是小的时候，爸爸工作忙经常不在家，妈妈带着我。妈妈有时候遇到难事，挺伤心的。我特别害怕妈妈伤心，妈妈一伤心，我就心里慌，想着怎么安慰她，怎么能让她好受点，我恨不得能替她难过。（说到"心里慌"时，语气逐渐发生改变）

咨询师：我听到了，当时的你感觉到了妈妈的伤心，你有一个伤心感，这个伤心，一部分是你体会到了妈妈的伤心，另一部分是你自己的伤心。

（小远愣了几秒，突然把脸埋在手掌里，大哭起来）

咨询师：因为慌，当然我们的注意力都在外界，在妈妈的身上了，现在能回到自己这儿。

（小远继续哭）

（咨询师静静地陪伴着，他把这压抑已久的情绪表达出来）

小远：我想让她知道，我多么在意她的心情。好像和她同样伤心是我们之间的连接。

咨询师：我知道这是孩子心中真挚的情义。

（小远哭得更大声了……）

（过了一会儿）

小远：我好像看到我和妈妈之间有一根线，这根线原来紧紧地连着，现在渐渐散开了……我好像第一次从心里头明白过来，妈妈是妈妈，我是我，我们是两个不同的个体。

（咨询师温柔地看着他）

小远：我这会儿想到女朋友，她也是一个不同的个体，她关于自己职业道路的选择，不是我能直接伸手干预的，我应该理解我们的差异。

咨询师：那么，现在想到工作中的事儿呢？

小远：每个人其实生活在各自的一个世界里，有自己的过去、自己的性格、自己的各种观念。其实我们的日常沟通都是要穿过所有这些不同以及各自的困难，我想我慢慢地可以更灵活（地处理与同事的关系）、更尊重身边的这些人。大家一起做好工作不是靠强求，而靠齐心。

这一节咨询就到这里结束了。

我们可以看到，小远的情况主要是分化程度较差。由于他小时候经常需要照顾母亲的情绪，他和母亲的情绪情感就混在一起了。他长大后逐渐形成了一种模式，就是周围人有什么情绪都会对他造成影响，甚至领导对工作的满意度也成为他最大的目标，这让他感到自己是一个好下属。但是，当他开始进入管理岗位，面对多个人的不同需求，他的灵活性就显得不足了，感觉受到了困扰。同时，他在亲密关系中要么希望取悦女友，却感觉险些失去自我，要么希望女友符合自己的想象，否则就感到失望。自我分化水平和一系列心理健康指标、积极心理品质有关，从小远身上我们就能够看出其中端倪。

实际咨询工作中，来访者的自我分化进程需要一段时间逐渐地来完成。根据我的实践经验，来访者在这一过程之后，都会感觉到一种前所未有的轻松，真正地、发自内心地接纳自我，更少受到外界纷扰的影响。与之而来的宽恕、谦逊，也让其能够拥有较为健康的人际关系。

17

爱自己：整合自我阴影，对自己温和

这个时代不乏有人提出"最重要的是爱自己"，但爱自己好像也会成为一个坑——如果仅仅是给自己购买昂贵的生活用品，那很可能一转身又落入了消费主义的陷阱；如果要工作优秀、家庭和美，还要健身、美容、做旅游达人，好像标准更自由、更多元了，实际上仍然苦苦挣扎于"别人怎样评价我""别人是否接纳我""我如何保护自己的边界""我如何才能过上自己想要的生活"的泥沼中。

其实对于爱自己来说，好的方面是相对容易的。爱自己的聪明、勇敢、美丽，都不太难。爱自己的肉身，也可以参考前面介绍的自我关怀的方法来实现。那么，怎么爱本性的自己和性格层面的自己呢？

我想到了精卫填海的故事。

《山海经·北山经》记载:"又北二百里,曰发鸠之山,其上多柘木。有鸟焉,其状如乌,文首、白喙、赤足,名曰精卫,其鸣自詨。是炎帝之少女名曰女娃,女娃游于东海,溺而不返,故为精卫。常衔西山之木石,以堙于东海。"

这个故事是说,精卫原本是炎帝的小女儿,名叫女娃。女娃到东海游玩,不幸溺水而死,于是就变成了精卫鸟。它长着花斑脑袋、白嘴巴、红足爪,发出"精卫、精卫"的叫声,如同呼喊着自己的名字,每日衔着从西山找来的树枝和石子,用来填塞东海。

炎帝的时代发生了什么,从而留下了精卫的故事?今天的我们已经难以知道。作为一个流传至今的上古神话,后世的学者对它进行了各种解读。有的认为,精卫填海的神话表现了人类最本质、最永恒的东西:对生存的恐惧,以及基于恐惧本身表现出来的人类所独有的精神气质;有的认为,这是人类开始发现灵魂和身体是独立存在的,秉持万物有灵论;有的认为,这主要体现了复仇和阻止他人经历自身悲剧的精神;也有学者从女性主义视角出发,指出这是从母系氏族社会向父权社会转变过程中,女性不得不依存于男性,从而对男权制度产生的不懈抗争。当然,还有一种解读认为,它表现了明知不可为而为之、为信念不懈奋斗的精神。

吸引我的是,精卫一遍一遍地呼喊自己的名字,仿佛不甘心自身的存在和意志被大海所淹没。如果我们带着象征的目光去看,大海可以说是无意识,是人类生命的源头,是集体的母亲。这不禁让我想到在当代中国的网络思潮中,很多人呼喊的也是"做自己、做自己、我要做自己",这呼喊愈演愈烈,可以说有着深远的历史背景。

在近代中国,我们的父辈和祖父辈可能经历过战争、饥荒、政治运动、流离失所、骨肉分离,人的精神需求让位于生存需求、物质发展,活下来是主旋律,个体的内在世界、独特性被忽视了。社会安定以后,在重男轻女的文化背景下,男性努力承担起家族的期许,女性挣扎于与男性竞争和性别身份认同的两难中。如今,越来越多的孩子又在"被迫内卷"中抑郁、焦虑。一时间,咨询室、工作坊来来往往的人群中,当被问及"你的感受呢?你的需要呢?你的愿望呢?"时,人们无不感受到自我在环境中被关注得太少了。也因此,这激起了人们深深的哀伤,或者说强烈的愤恨——人这一生虽然赤手空拳而来,也无法真正带走什么,但这个过程之中倘若不能按照自身的意愿去生活,肯定会心有遗憾、不甘、不满。倘若还不能表达不满,一味委曲求全,那么多半会抑郁,或者对生活感到麻木。

自一百多年前一对一的谈话式心理治疗开创以来,心理治疗这一特定的形式和行为持续地关注个人的内在生活,并试图通过了解和确认个体的感受、需要、欲望、愿望,来解开人们的心理防御,帮助人们更好地生活。咨询师通晓象征性语言、洞察移情性反应,以期实现无意识的意识化。这很像从大海中捞起那个名叫女娃的女孩,问她:"你还好吗?跟我说说你自己吧,我愿意聆听。"所以,当我在咨询室与不同的来访者提到精卫的故事时,每个人都心有戚戚。

心理学家荣格有云:自我是最大的情结,纵然现实中有诸多困难阻碍、诸多求而不得,形成了一个有边界、能拒绝、有偏好、能选择的自我,获得了一定的自主感、自信心、自我掌控感,它仍是人生大海中的一叶小舟。人们进行心理咨询后,有人能在现实中找到自己的位置,有人则和他人有了更多的冲突。虽然具体表现不一而足,但都能在精神的世界里获得更大的自由。

女娲化身的精卫鸟,何尝不是精神生命与御风自由的象征呢?我们甚至可以认为,一些人选择心理咨询这份工作,正是与精卫有着同样的"心怀天下"情怀:我曾被无意识淹没,我愿后人不再遭受此难。在精卫这个故事被讲述千年以后,现在这个时代仍有很多人需要精神支持并充实精神生活。咨询师有责任通过镜映、共情、回应、重建依恋等方式,帮助这些人重建自我,继而帮助他们有足够的心理基础获得更好的精神生活。

但是,如果在这条路上强调得太多、走得太远,我们就会发现这个观念的阴影——我们理解,炎帝的女儿女娲想要活出自我的强烈愿望,但她在成为精卫后每一日都与大海捆绑在一起,她本名唤作"女娲",日复一日呼喊的却是作为应对的"精卫"二字。因此可以说,女娲的一生都被应对占据了,她活的是带着情结的一生,而心愿尚未可知。这何尝不是许多人短暂一生的写照呢?这很常见,比如一辈子想要证明自己的好，抑或是一辈子都在控诉别人带来的伤。如果我们往心灵深处探索，探索得更深，便会开始思考"到底什么是主体""人我的边界究竟是什么"这样的问题，以及两个以自我为中心的人在亲密关系中如何妥协，如何在承认自己的有限和为自己负起责任之间取得平衡？当人们对自我的重视搭上"自恋"这趟原始的便车，又可能带来什么意想不到的结果呢？

德国心理学家埃里希·诺伊曼在《意识的起源》一书中提到，一个过分独立的自我意识会与无意识隔绝，自尊和自我责任感也会堕落为傲慢与自大。虽然从一开始，自我就知道要远离无意识，但自我也不能完全放弃与无意识的接触，因为无意识是其自然平衡功能的基本组成部分。人们对无意识、大母神的认同会削弱意识的男性面，降低意志的活跃度和自我的定向力量。精卫从女娃化身为象征阳性、男性的鸟，对精神父亲的认同也会削弱意识的女性面。如果说西方文化已经有学者在反思个体与集体分裂带来的文化危机，那么当代中国的心理学者理应明白，我们不必走他们的老路、弯路。因为，中国传统文化中早有资源，从忠恕之道到境随心转，中国文化对内外关系的洞见、对人我边界的把握、对心的认识等著述颇丰，足以助力新时代的心理工作者走得更稳、更远。

在心理咨询实践中我一次次意识到，当一个人沉浸于完美父亲、完美母亲的期望，沉浸于被看见、被认可的渴望，那么这种渴望虽然以伤痛、匮乏的面貌呈现，另一面却可能是不接受世界与我不同的吞噬。那强烈呼号、拒绝溺亡于大海的人，也许恰恰是主动地选择了和大海融为一体。照见阴影，方得始终。

一些时候，人们无法做到爱自己，是因为听到内心响起了自我批评的声音，甚至可以说是"自恨"的声音。有时候这些声音是相当刻薄的，但自我的完善一定起步于对自我的接纳，而非自我厌恶。而后，自我完善需要扎根于对阴影的认识，仅对情绪、念头做正念觉察是不够的，还要接纳当下的痛苦感，使此刻的心情平静下来，我们需要走得更远，才能认识得更清楚。在现代社会的心理咨询实践中，咨询师需要帮助来访者循着情绪的脉络，看清他们在现实事件中激发出的多层情绪，以及他们在现实互动中显现出的内在关系模式。

现在请你闭上眼睛，想象你的母亲，你脑海中所浮现出来的视觉画面，将会连带着许多曾经的感受、回忆和想法。这就是你所内化的母亲的意象，孩子会内化那些养育他们的人。在孩子小的时候，这些内部意象就是母亲的内化。这就像是孩子把另一个人整个地吞了下去，寄存在了脑海里。在孩子长大以后，这些内化变成了认同，而这些内部意象将会变得更加抽象，变得更加贴近父母的品质和特点。此时，除了那个人的意象和与那个人有关的感受，其所持有的观点和信念也被存放在了孩子的脑海中。如果这位养育者具有攻击性、让人害怕，或是具有虐待性，那么内化就会一直保持下去。在这种情况下，个体将真切地感受到这位被内化的养育者，就好像这位父亲或母亲一直住在个体的心灵之中。在一段健康的关系中，内化会被逐渐地转化为认同。认同是一个温和的过程，举例来说，这种感觉就像是子女会在很多方面跟养育者类似。根据客体关系理论，人类不可避免地会进行内化，并进而认同那些早年的重要养育者，而这些被内化和认同的对象，将会一直活在我们心中，成为我们关怀、满足、批评或愧疚的来源。因为内在有关怀自己的意象，所以一个人拥有了关怀自己的能力，因为内在有批评自己的意象，在没有其他人在场的时候，这个人也会自我批评。

鉴于此，我们不难发现，要不要与原生家庭和解不是最重要的，与我们内心已经内化进来的、形成剧本的部分和解，并能够根据实际情况有所调整，才是最重要的。这项能力关乎每个人的生活品质。既然最初内化进来的是意象，那么意味着心理工作发现了一个关键的着力点，那就是看清内在的意象，在意象层面实现转化。无论是在国内发展多年的意象对话心理疗法，还是国外目前很火的部分心理学（IFS），都发现人内心的冲突来自内在不同的部分。比如，某人内心世界里会有一个人因为压力而遇事拖延，另一个人批评这种拖延，还有一个人试图麻痹冲突。这种时候，如果仅仅是觉察拖延带来的焦虑感，那么我们对内心的认识是不够清晰的，只有同时看到三者的意象，协调三者的关系，才会带来真正意义上的改善。

为了更加具象化，我们可以把内在不同的部分在纸上画下来，方便看清三者相互之间的动力。

◆ 小练习：认识一个具体的情绪

第一步：通过自我觉察，找出被批评时的内心感受；
第二步：看看这个被批评的人的形象是怎样的；
第三步：看看这个他/她有哪些内在感受；
第四步：看一看批评的人来自一个什么样形象的内在部分；
第五步：看看在这个内在部分之中，他/她有哪些内在感受；
第六步：看看双方有没有建设性的方式表达，注意是表达内在真实的感受而不是想法。

举例说明：

　　小丁因为拖延，陷入自我批评和沮丧之中。她本来在颓丧地刷着手机上的短视频，但她决定花时间来了解自己的感受，看看心里垂头丧气的部分。她看到一个小孩蹲在角落里，悲伤又难过，她深呼吸，看着心里的这个小孩，感受这种悲伤。之后，她体会内在批评自己的声音来自一个中年男性。这个中年男性在看到孩子的时候会着急，着急是因为他担心孩子不自律而落后，以至于将来会过上和自己一样的苦日子，着急背后是来自中年男性的关心。他们互相表达了真实的感受，小丁内在的孩子部分感觉到自己被关心，不再那么恐惧和悲伤了。她也更有动力了。

在遇到困境、感觉焦虑的时候，我们还有一种办法是画下一个"知行合一"圈。这也是我国本土心理疗法回归疗法里的一个小技术，在回归疗法里被称为"六步循环圈"。这个循环圈基于对心理原理的洞察，一共分为焦虑、欲望、策略、行动、检验和诠释六步。这是因为在大多数情况下，一个人有了焦虑之后，就会升起一个欲望，来试图缓解这个焦虑；有了欲望之后，就会启动有意识或无意识的策略，试图满足这个欲望；制订了策略后，有些人会选择去行动，有些人则停留在制订策略层面；不管有没有行动，人们在意识和潜意识层面都会尝试去检验，自己的策略能不能满足欲望，欲望能不能缓解焦虑，从而形成一个诠释。我们带着觉察去画下并审视画好的六

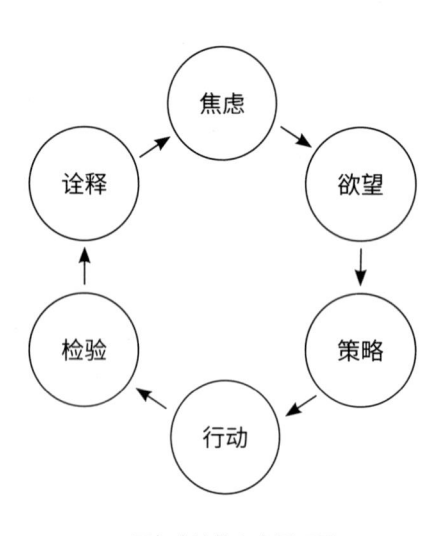

回归疗法的六步循环圈

步循环圈，不难发现，其实策略无法完全满足欲望，欲望也未必能缓解这个圈开头的焦虑。比如，一个人因怕得不到爱而产生焦虑，她的欲望是想要得到爱，她的策略是成为一个优秀的人、顺从他人、不断和他人确认对方是不是爱自己，那么无论她的策略完成得多好，她得到的也仅仅是别人对于优秀的、顺从自己意愿的人的"爱"，她得到的还可能是嫉妒、轻视和不耐烦，而这些根本无法真的满足她的欲望，更无法缓解她的焦虑。看到偏差，则有助于重新理解自己的困境，真正实现自己想要的目标。

自我的存在，自带一种矛盾的属性。设想一下，如果所有人都是一致的，一样的长相、一样的穿着、一样的口味，甚至一样的思想，那就意味着"我"的消失。为了在一定程度上保持自我的独特性，很多人会标榜自己独特的品位。比如，宣称自己只听某一种音乐、只穿某一类品牌的衣服，当喜欢的东西变得大众化后，这些人反而怅然若失。所以，所谓的"品位"只是为了能够与他人区隔开来，感觉到自我的独特存在。正因为"我"有这种寻求独特的特点，随之而来的就是一种深切的"存在孤独"，这里面会产生让人感慨的矛盾。意象对话、回归疗法植根于中国文化，认为没有一个固定不变的我，有的只是个体选择性认同的我，内在的意象改变了，我就改变了，内在的焦虑、欲望、策略改变了，对"我"和相对应的"世界"的看法也就改变了。由此，一个人才能更多体会到"自我"的灵活与自由。

当然，这两个方法都要面对我们内心一直在回避的痛苦和恐惧，这是不容易的。我觉得，做一个生命的勇士是值得的，因为无论我们要不要仔细认真地面对自我，自我总是在很大程度上影响着我们。这种影响早一些被看清总是好的，对于我们清醒地面对短暂的生活是有意义的。

Part 5

帮助他人以及
家庭成员之间的互助

我们不可能只为自己而活。千条线把我们与他人相连,顺着那些线,那些让我们心灵相通的连接,我们的行动是因,回向我们的是果。

——赫尔曼·梅尔维尔(Herman Melville)

每个人都有能力去帮助他人应对生活的挑战，在意外发生之后，如果自身没有怎么受伤，有余力做一些能够帮到他人的事情，对于自身的恢复也有益处。有些人在危机事件中会显得特别脆弱，他们需要额外的帮助，这包括由于年龄的原因（如小孩和老人）、有精神或身体的残疾、被边缘化或因遭到暴力攻击而处于危险中及其他需要额外帮助的人群。

18

帮助灾难中的孩子

意外或灾难发生后,当遇到和照顾者在一起的孩子,设法帮助照顾者照顾好他们的孩子。对处于不同年龄、不同发育阶段的孩子,可以参考以下的帮助方法:

婴幼儿
- 保证他们处于温暖和安全的环境之中。
- 保证他们远离喧嚣和混乱。
- 拥抱他们。
- 说话时使用平静、温柔的语气。
- 尽可能安排规律的饮食和睡眠。

年幼儿童

·给他们更多的时间和关注。

·经常提醒他们目前的处境是安全的。

·向他们解释,坏事虽然发生,但这不是他们的错。

·避免让年幼儿童与照顾者、兄弟姐妹和亲人分离。

·尽量保持规律的日常生活。

·当孩子问发生了什么时,给出简单的、不含恐怖细节的答案。

·当孩子表现出倒退到早期的行为时,比如吮指或尿床时,应耐心对待。

·尽可能制造玩耍放松的机会。

·允许他们因为害怕和黏人而靠近你。

大龄儿童和青少年

·给予他们时间和关注。

·帮助他们保持规律的日常生活。

·关于事件的发生,说出实情并告诉他们目前在做些什么。

·允许他们悲伤和失落,不期望他们坚强。

·以不评判的态度倾听他们的想法,允许他们表达恐惧。

·制订明确的规则,并向他们告知期望。

·询问他们面临的危险并帮助他们,危险解除后,可以和他们讨论怎样避免。

- 鼓励并允许他们有机会帮助他人。

如果孩子的照顾者受伤、极度不安或不能照顾好他们的孩子，我们就需要在帮助照顾者的同时照顾他们的孩子。可能的话，联系相关部门。保证孩子和他们的照顾者在一起，不要让他们分开。

- 介绍你自己，说出你的名字，让他们知道你来这儿是为了提供帮助的。
- 保护他们不暴露在可怕的现场，如治疗受伤者的医疗环境和被破坏的现场。
- 尽量避免他们听到关于事件的令人不安的故事。
- 尽量避免他们接受与事件或救援无关的媒体采访。
- 在和照顾者沟通时保持冷静，与他们温柔交谈，态度和蔼。
- 倾听孩子对于形势的看法。
- 在与孩子交谈时，保持视线以水平的角度注视他们，使用他们能够理解的语言进行解释。
- 知道孩子的名字、从哪里来，了解更多的信息，目的是帮助他们找到监护人。
- 当孩子和监护人在一起的时候，支持照顾者照看自己的孩子。
- 和孩子在一起的时候，根据他们的年龄，鼓励他们参与适合的游戏，或和他们谈论有趣的话题，简单交谈。

孩子有自己的应对方式，帮助者可以了解他们有哪些应对能力，支持他们积极的应对策略，避免消极的应对策略。年龄较大的儿童或青少年在危急情形下，经常能提供协助。我们可以协助他们通过安全的方式或途径帮助他人，提升他们的成就感。

19

帮助身体状况欠佳或有身心障碍的群体

当慢性（长期）病患者、有身心障碍的人士（包括严重精神疾病）或是老年人遇到危机事件，或许会让健康状况变得更糟糕；孕妇和哺乳中的女性可能会因危机事件而产生巨大压力，这将会影响胎儿的健康或哺乳；有视力、听力障碍的人，在寻找亲人或获取实际服务方面都有困难。这时，他们就需要有人能够帮助他们。

我们可以帮助他们做以下的事情：

· 帮助他们到达安全地点。
· 满足他们的基本需求，比如提供食物、饮用水，关心他们，用救援机构分发的材料帮助他们搭建庇护所。
· 询问他们是否有身体不良的状况，了解平时服用的药物,尽量帮他们找来药物或获得医疗服务。

· 陪伴他们,或者当你离开时确保有人能协助他们。

· 告诉他们,需要帮助时怎样联系到服务人员。

20

帮助者的自我照顾和复原

帮助者的自我照顾和复原是结束帮助任务的重要部分。危机事件本身,和在危机事件发生后承受他人的疼痛和苦楚,是极具挑战性的工作。帮助工作结束后,作为帮助者的你需要花时间内省所经历的事,并好好休息。以下建议对帮助者的恢复会有所帮助:

· 和督导、同事或其他信任的人讲述你在危机情况中工作的体验。

· 认可自己成功帮助了别人的地方,即使是很小的方面。

· 学会内省,认可自己干得不错的地方,接受做得不足的方面,并承认在当时的情况下,能做的事情是有所局限的。

· 可以的话,重新开始工作、履行职责前,先让自己充分休息和放松。

· 增加营养。

如果你发现自己心烦意乱或者关于事件的记忆挥之不去，感到非常紧张或极度悲伤，出现睡眠困难或过量饮酒、滥用药物等情况，你需要及时寻求专业人士的帮助。

21

意外发生后家庭成员之间的互助

灾难来临时，亲人之间经常会互帮互助，但也有另一种情况发生，那就是灾难或者意外导致亲人之间关系的破裂。疫情期间，有一部分夫妻因为同时隔离在家，长时间共处一室而导致张力变大甚至走向离婚。原本夫妻需要在意外中共同面对生活的困难，但我们发现这件事不容易做到。有时候，意外不仅是对个人的考验，也是对于关系的考验。

好的婚姻关系需要什么条件？

古语有云："夫妻同心，其利断金。"能不能应对生活的意外事件，除了前文所述的和自我稳定程度有关，亲密关系也是一个重要的影响因素。关系的稳定程度会影响到一个人心理的坚韧度。很多人知道苏轼一生跌宕起伏，在他被贬、生活遇到困难的时候，除了弟弟苏辙一直给他支持，他的妻子也伴他左右。

但是，婚姻关系、亲密关系也几乎是世界上最难相处的关系。为什么亲密关系这么不容易呢？这背后也是有心理学原理的。王子和公主结婚后的那些故事，童话故事里没有说，但在心理咨询室里人们都说了。恋爱开始的时候，很多人会觉得对方特别好，能找到对方自己应该感到特别幸运。然而，当两个人越来越靠近、越来越信任，我们性格里的更多方面会在关系里冒出来。原本期待在关系里获得关注、尊重、爱和帮助，却可能感到失望，甚至伤心、愤怒、害怕、困惑、内疚、不自信，又或者不知道为什么自己要"作"、要做一些明明知道会伤害对方的事情。

在日常工作中，来访者与我讨论最多的一个重要议题就是恋爱婚姻、亲密关系，久而久之不难发现其中隐藏的规律。很多时候，在一段关系开始之前就能够预见其中的困难和挑战了，有一些因素明显影响了关系的质量。比如，一个人内心深处是否相信自己会被爱，是否相信自己值得被尊重、被在意，是否相信自己能够在困难的时候去依靠甚至依赖。虽然爱与被爱是人们心里的渴望，但与此同时去爱可能意味着会失去自我，而被爱也可能意味着患得患失。

两个人携手同行乃至一起生活，一定会触及双方各自的需求、喜好和恐惧，有时需要协调，有时需要让步，有时需要接受馈赠，有时需要承受失望。既不能什么都依着自己而让对方不舒服,也不能什么都依着对方而压抑自己的愤怒,这就需要清楚地认识到、能接受并能表达出自己的需求,清楚地认识到、能接受并满足对方的需求。但在实际操作中,这些并不容易做到。

这正是深层心理学一直在揭示的一个真相:人对自己的了解是有限的。意象对话的深度成长也在揭示:人很可能穷尽一生,都在设法应对生命之初感觉到的伤痛。比如在重男轻女的家庭中,女孩奋力去活成一个小太阳来证明自己的价值,男孩则因为深知自己备受家庭期待,而不敢违背父母的各种意愿等。

客体关系心理学中有个叫费尔贝恩的人,他认为,一个人会让伴侣体会到自己这个生命中感受过的最深的伤痛,一个人也在寻找一个让自己伤痛的客体(拒绝客体)。比如,一个人从小饱受批评、挑剔,他会学习到这样一种对批评、挑剔的态度,他的心里也会住着一个"批评家""挑剔家",在亲密关系里他也会用让对方感觉到被批评或被挑剔的方式来对待伴侣,让对方感受到自己的痛苦;再比如,一个人从小感受到被忽视,他也会学习到忽视自己的感受,在亲密关系里他也会无意识地忽视伴侣的感受,让对方感觉到被忽视的痛苦感和抓狂感。

一些时候,由于伴侣的自我比较稳定,承受力比较强,能够承受另一方带来的痛苦,但不良关系模式还是悄悄地消耗着彼此的感情。另一些时候,当其中一人的心理不够健康,不良模式的破坏力很大,关系容纳不了其中的情绪张力,两人就走散了。而走散是很痛的,就像是失去自我的一部分,会引发失眠、吃不下饭、经常哭泣和身体疼痛等状况。

因为幸福的婚姻不多见,于是人们得出了"和谁结婚都一样""婚姻最后就是亲情"这类荒诞的结论。很多人认为维护婚姻在于"忍",其实是因为大家各有情结的缘故,大部分人的相爱都是不容易的。

很多伴侣相处的时间久了,会日渐不知道聊什么,因为双方都有雷区和痛点,如果这些不曾被我们自己专注到并抱持,那么为了避开这些心理领域,留给双方用来交流的空间就会越来越窄。从这个角度来看,根本不难理解为什么怨偶的数量这么多、离婚率这么高,因为亲密关系对于大多数人来说真的是很难的事,非常具有挑战性。

可能有好的关系吗?心理学家朱迪·沃勒斯坦做了三十多年的婚姻研究,在她的著作《好的婚姻》里提出:好的婚姻的前提,是双方都能够照料到最让彼此抑郁的那个点。如果一个人内在的客体关系本来就比较有爱,那么实现好的婚姻就会容易一些。如果内在客体关系较为痛苦、让自己感到抑郁,那也会在现实关系中演绎出来,这就需要两个人在互动中对此能够有所觉察、逐步化解。

怎么去觉察和化解?我知道有一条路是走得通的。意象对话里有个概念是"核心情结",就是看见自己最痛的那个点,并加以化解。到了这个阶段,一个人开始把扑出去的心往回收,看见了种种挣扎背后的种种糊涂,不再把"信"建立在我拥有什么、我得到什么、别人怎么觉得,和母亲的关系、大地的关系、无意识的关系得到更新。当拥有了一些真正的"信"，就相当于在亲密关系的浪涛里有了一艘小船，可以开始真正的航行。

有了对自己的尊重、理解，有了一个坚实的内在，就算对方生气了、觉察不在线了、忽视自己的感受了，也都不是太大的问题。

另外，我们可以了解对方的成长史，观察对方的行为模式。当我们对人类内心的结构有了一定认识，懂得对方并不难，而这种懂得有可能是对方这辈子都没有得到的，在这个基础上，亲密关系是亲近而稳固的，是非常特殊的。这是"知"，这种知也是对于自我中心的超越，这不是小说、电视剧里的爱情，而是实实在在、看见对方的一种"爱"。这种爱，让一个人更信任这个世界，也让他的生活更有意义。

怎样维护亲子关系

疫情期间，除了要面对被困在家无法出门的苦闷、没有工作不能赚钱的焦虑，天天面对家里的"吞金兽"也是让父母抓狂的难题。每位家长都希望孩子健康、安全地长大，但是"不做作业母慈子孝，一做作业鸡飞狗跳"，一旦面对孩子的各种问题，许多家长只能愤怒到不得不强行镇压。

养孩子为什么这么难，作为父母应该怎么办呢？

1. 认清自身"做个好父母"的焦虑

80后、90后这一代人,随着自身知识、眼界、能力的提升和扩展,养育孩子比上一代更科学,也投入了更多的耐心。但也正因为这样,他们产生了更多关于"如何做个好父母"的焦虑。

有人因为自己小时候没有得到足够的关心、陪伴、重视和肯定,或者遭遇过物资匮乏的童年,就特别希望孩子不要有同样的缺失;有人因为自己感受过被比较、被批评的痛苦,就希望孩子不要再感受到这种痛苦;有人因为自己不擅长人际交往,就希望孩子能交到很多朋友……

这种"弥补纠正"心理,和我们自身的伤痛有关。当我们被自己内在的伤痛驱动时,就有可能在孩子表现得不尽如人意时感到焦虑,就会急促地想要教育孩子、纠正孩子,而忽视了孩子行为背后的原因和感受,让彼此都觉得困扰。

这种情况下,最需要面对的不是"我们和孩子"的关系,而是"我们和父母"的关系。

我们需要有意识地去处理和化解自己与父母之间的冲突,即使有些冲突已经过去几十年,但我们与父母互动中的种种感受,很容易被自己与孩子之间的互动而激发、唤醒。也就是说,即使我们拼命避免孩子受到同样的伤害,但实际上仍然通过另一种方式给孩子复制了这种伤害。

研究表明,重新梳理与原生家庭的关系,非常有助于自己与孩子的关系。如果没有梳理，只是在认知上想要做得比自己的父母更好，往往很难。

因为我们内心中烙印的"亲子关系"并没有发生本质的改变，就会在现实中演绎出如下的第二个难题。

2. 如何实现情绪层面的教养

有很多人问，我也知道打骂对孩子不好，但就是控制不住自己，怎么办？或者，我也知道那样做对孩子好，但是我就是做不到，怎么办？因为种种类似的情况，父母和孩子的关系疏离了。

其实这很常见。绝大部分父母很难在育儿生活中时刻保持"爱与平静"。发完火后，除了因为内疚而安抚孩子，还需要和自己的心连接。

因为从另一个角度看，情绪的卡点也是认识自己的一个契机。我在前面的章节里提到过，情绪是日常生活中观察自己最好的入口。喜、怒、哀、惧、羞、耻、疚、愧、爱、恨等，它们推动着我们干这干那。抓住它们，就是抓住了牛鼻子。"控制不住自己"，就是人被情绪所裹挟，那一刻甚至不知道发生了什么，几乎已经失去了自己。

这个时候，就需要"倒带"，将"倒带"养成习惯，留一缕觉察，站在旁观者角度去关心自己此刻的情绪、感受和躯体变化，从不知不觉到后知后觉，再到日渐接近当知当觉。当我们能够实在地去感觉情绪给我们身体带来的感受时，不分析、不评判，你就能越来越快回到自己的内心，回到那个不被情绪牵着鼻子走的自己。当自己的心静了，这个时候再去倾听孩子内心真实的感受，就更能与孩子建立起心与心的连接，可以跟孩子一对一谈心，让这个过程成为双方共同成长的过程。

3. 孩子出现问题了怎么办

很多父母都对孩子有愧疚，比如因为各种原因我们没有很好地照顾到小朋友的需要，或者没有学会调整情绪，对孩子造成一定程度上的伤害。

这些情况确实很常见，因为即使我们当了父母，是个成年人，却也仍然是经历过伤痛、有局限的普通人。更何况，我们也很少能从父辈身上学到特别好的养育方式。

但如果仅仅是愧疚，并不足以让已经疏远的亲子距离拉近，甚至当我们出于愧疚而为自己辩解开脱的时候，还会让关系变得更疏远，亲子之间更难沟通。而家庭成员之间的关系疏远，恰恰是让很多人感到不幸福的源头。

所以，当孩子出现了一些心理或行为方面的问题时，除了及时寻求专业帮助，我们也可以从自身做起，做一些调整。

仔细琢磨，愧疚是因为我们的内心真的感觉到了孩子的受伤感。我们需要发自内心地去看到、理解和接纳这种受伤感。这并不容易做到，却能够真正地拉近亲子关系，让我们的支持和爱能够被孩子接收到，成为他们康复或成长的助力。

就像咨询师无法只是灌输思想给来访者，还需要不断修炼定力和觉察力一样，作为父母，希望孩子能拥有美好的人生，还得从我们自身更加深入地认识自己、学习化解自身压力、活出属于自己的充实人生开始。

如果暂时做不到，那也没有关系。做父母本就是很难的事情，也请多多理解自己的难处，多多关怀自己。

◆ 小练习：

在亲密关系中，觉察你和对方的"雷区"分别有哪些？这些"雷区"与双方的成长经历又有什么样的关系呢？

22

表达需要与感恩他人

意外可能将人置于一种脆弱的境地,有时候不得不开口跟他人表达自己的需要。但这对于很多人来说,是一件不容易的事。从深层心理学角度来讲,其中的原理也很简单,这涉及了一个人内在的自尊、信心和羞耻感。如上一章中所阐述,一个人的安全感和稳定感与生命早期有没有人回应自己的需要有关。当婴儿表达出自己需要时,如果外界有回应,那么婴儿会产生自己的需要是正当的、是可以向世界提出的感觉;如果外界常常没有回应,那么婴儿可能会觉得自己的需要是不应当提出的,甚至是应该羞耻的。这样的人在稍有一些力量之后,就倾向于通过自己的努力来解决各种困难,且对得到他人的帮助感到不自在。

当我们了解了这种模式背后的动因后,是很有希望得到改变的。其改变方法，就是意识到自己已经不是当时的孩子了，能够突破一下曾经羞耻的感觉，尝试向他人寻求帮助。

很多时候，人们会不自觉地希望在社交中得到一些肯定，是因为自恋的背后潜藏着羞耻感和脆弱感。人们害怕敞开心扉，不知道袒露自我之后会发生什么事，担心有可能会出现下面的情况：当他们诚实地展现出自己内在鲜活的状态，说出怎样令生活更美好的想法时，其他人会随意评判他们；还有人会告诉他们，有这些感受、需要和请求说明他们有问题，等等。他们害怕听到别人说，他们过度敏感、要求太多、颐指气使；有的人则害怕沉默、冷场。实际上相对而言，人们更注意自己的处境，而他人并不会像自己那么在意自己的一举一动。

早年常常被忽视和强烈的不满足感也可能带来另一种局面，那就是一个人由于内在的匮乏感，对外界的需求可能会显得过度。比如，一个人在生活中总是渴望得到无条件的爱和无条件的满足，期待世界完全符合自己的期待，希望别人顺从自己、有求必应，希望朋友总是肯定自己，希望自己得到的总是比别人的好，这些希望是不现实的。

这也让人想到希腊神话中水仙少年纳西索斯的故事。纳西索斯十分美貌，因为不被允许认识自己，所以在水边照见自己的倒影时爱上了自己。有很多神喜欢他，其中有位名叫"回声"（echo）的女神，她爱上了纳西索斯，却因为只能重复别对她说过的话而无法表达爱意，最终香消玉殒，化为山谷中的回声。最后纳西索斯沉醉于自己的美貌，栽倒在水中身亡，变成了一丛丛水仙花。这个神话故事在今天看来也格外令人感慨，尤其在有了社交媒体的点赞功能之后，人们也一样沉醉于自己的美颜照片，渴望在更多点赞、评论和转发中确认自己的价值，其实只是想听见重复的"回声"，却难以看到真正的他者。

所以，到底如何认识人与人之间的交往呢？

一，逐步构建恰如其分的自尊。过度的夸耀和过度的贬低背后都有不安的因素，都有自信心的不稳定。看到自己的长处与不足，接受自己的长处与不足，有这样一个对自己的认识打底，就不容易在关系里不自觉地屈从，不容易被 PUA，表达自己时有一种坦荡，因为是表达而不是要挟，不是一定要满足对方自己才能活下去。当我们在关系里出现误解、分歧导致受伤的时候，如果一个人的自尊心脆弱，可能就不吭声地远离了关系，或者心存怨怼，在另一件小事上爆发从而破坏关系，这会让双方都感觉失望、失败。如果抱持住自己的脆弱感，通过非暴力沟通来表达，那就有可能冰释前嫌，让关系更深一层。意外来临的时候，要相信自己内在的力量，也可以主动向周围人寻求帮助。

二，理解不同层次的人际相处模式。人和人的相处关系主要有三种模式，一种是爱，一种是交换，还有一种是剥削。

爱就是爱本身，我们可以想象一位母亲对孩子的无私的爱。比如，把好吃的留给孩子，为孩子的未来早做打算。爱在爱的那一刻就实现了、完成了，没有"付出感"也并不期待孩子的回报。在朋友层面，如果你有一些特别的、拥有爱的朋友,你会欣赏这个人身上的美好品质。见到这样的人,你会感觉心里暖暖的、开心,价值观相近,彼此能够懂得,会感恩命运把你们牵引在一起,而不会把这样的友情和"多个朋友多条路"这样的功利观念放在一起。

交换,是说人和人的关系在合作层面,默认有个"互利互惠"的平衡,而不会往某一方面偏得太多。人们常说"将心比心",就是在对方的角度考虑一下,关系更容易平衡、更容易长久。人们在现实层面活着,一定也需要考虑现实层面的因素,在这种情况下,一段关系大致能够达成平衡,也是健康的。

在日常工作中,我发现一些人在接触了心理学概念后会有一些额外的期待,期待他们周围的人也懂得心理学所讲的"接纳""无条件关注"等处世方法,结果很容易碰壁受伤。有些朋友可能会说,既然是关系里的问题,为什么要我去努力,或者说对方也有责任。这里面涉及一个认知,就是一个人能多大程度地掌控自己的言行。如果人们听过"象与骑象人"的故事,那就不难发现,不光是自己,其他人说话、做事也在很大程度上受到自身潜意识和内在行为模式的影响。如果对这一点的认识不够到位,人们就会在很多时候误以为别人是故意为难自己,从而使人和人之间的冲突升级。比如,当两个"害怕被人看不起"的人相遇,因为害怕,都会有一些自我防卫,他们可能有一些相互较劲,也可能表现出过度的谦虚,结果反而拉开了彼此间的距离。如果其中一个人对自我认识得比较清楚,那么另一个人也就更有可能放松下来。当两个人足够了解对方,不用相互害怕看不起,秉持相互尊重的态度,关系就不容易失衡了。

剥削,是交换层面出了一些问题,或者一个人利用另一个人的弱点进行剥削。有时候,剥削是以隐蔽的方式进行的,比如通过持续贬低他人来弥补自己的自尊,或者长期占他人便宜,把别人当成免费的情绪垃圾桶等。当一个人困在自己的情结里,感觉到"缺爱少信",会觉得不剥削他人,自己就不行了。这也是很可叹的,因为这种剥削可能永远也满足不了自己的需求,还会在某种程度上破坏关系。每个人内心深处都有"良知",大多数人在感觉到"被剥削"后,都会因为不平衡感而远离这种不健康的关系,这时候往往需要专业心理工作者的帮助了。

反过来说,如果人们在一段关系里隐隐地感觉到不舒服,也可以省察一下,是不是自己被剥削了。如果情况比较严重,就需要树立自己的边界。如果划清边界很困难,就要看看自己内在的生命部分是如何被这样的关系"勾住"的。对于别人严重侵犯自身权益的情况,则要拿起法律武器来保护自己的权益。如果情况不是很严重,对方又是自己在乎的人,那就可以和对方讨论,如何通过共同努力使关系达成一个大致的平衡。学习心理学有一个好处,那就是我们知道自己需要通过努力去创造一个"对关系有益"的环境。

在相对健康的关系层面,人们常用友爱和交换;在相对不健康的关系层面,人们为了争夺资源,会选择剥削或控制他人。认识到这两点之后,我们在人际关系中就可以加以识别和调整了。

三,发展感恩的能力。得到了帮助和爱,人们通常会产生感恩的情绪。感恩和其他积极情绪一样,会为我们带来很多重要的益处,如增强免疫系统、保护心血管系统,帮助我们从失落和创伤中恢复,扩展我们的感知领域,从而令我们看到更大的愿景和更多的机会,激励我们的雄心壮志,同时将人们连接在一起。回想一下你最近一次表达谢意的时候,是大声地说出口,还是只在脑海里默默表达呢?也许是在吃饭、拥抱或是仰望天空的时候。当我们心存感激时,身体会生出一种自然的感觉,那是一种放松的感觉,一种需要得到了满足的感觉。想想生命中你曾被给予的东西,友情、爱情、你所接受的教育、你的生命本身或是大自然的馈赠。一个人的生活无论多么艰难困苦,总会拥有这么多值得感恩的东西。

客体关系心理学家梅兰妮·克莱因认为,感恩并不是一种人人都能发展出来的能力,感恩是爱的能力的主要衍生物,驱使着我们跟好的内在客体和好的自己进行连接,让我们对客体和自己感到欣赏和感激。

感恩的基础来源于两个方面:一个是天生的因素,有的人爱的能力天生比一般人要高;二是在于妈妈和主要抚养者的高质量的养育过程。只有在早期高质量陪伴的养育照顾之下,一个人爱的能力才能得到充分的发展,婴儿才能够体验到完全的享受,而正是享受奠定了感恩的基础。一方面,感恩促成了一个人内在的、好的客体的生成和巩固；另一方面，对好的客体的满足感越是被经常体验到，并被完全接受下来，就越是能够反复感觉或享受感恩这种体验，使得最深层次的感恩成为可能。

　　基于以上的理解，我们可以在一定程度上培育感恩，发展自身感恩的能力。感恩并不意味着要减少或拒绝麻烦、疾病、损失或不公正，它仅仅是对真实存在的一切加以欣赏：花朵和阳光、回形针和净水、他人的善意、容易获得的知识和智慧、轻触开关带来的光明，等等。当生活中的伤痛袭来时，可以去看看是否还有其他礼物与之相伴。比如通过耐受挑战带来的压力，我们获得了更强大的韧性等。试着让感恩成为你日常生活中的一部分，例如你可以在桌子旁放一个便笺来提醒自己要感恩；可以把你感恩的事情记录下来，或者给别人写一封信，表达你对那个人的感恩。一个好方法是，在入睡前反思生活中的三件让自己感到幸福的事，将你对所获得的东西的认可转变为感恩、安慰甚至是敬畏或快乐的感觉，让它渗透你。

　　父母在等待孩子的一句感谢，而孩子在等待父母的一句道歉。长大之后，我们才深切感觉到父母为了抚养我们花费了多少心力，感恩真的能够拉近家庭成员间心与心的距离。此刻我也想到，近些年来每每有灾难发生，救援人员八方支援，救援完成之后，当地人们往往夹道相送，用各种方式真挚地表达着自己的感谢。这种场面常常让人动容，心情久久不能平静，哪怕通过电视或网络看到这样的画面，也让人为这种真情流动而感觉温暖。

◆ 小练习：

　　回忆一位让你感恩的人，这个人曾经给了你什么？让这些回忆变成心存感恩的感觉，并让它们渗透你的内心。想象生命中的你是如此幸运，如你的天赋、你在何时何地出生、你的父母是谁、降临在你身上的好运气等。不要被自己付出的努力所干扰，要对自己的好运心存感激，看看当你在脑海中或大声地说"谢谢你"时会发生什么，让感恩充满你的内心并向外流淌。

23

如何寻求专业帮助

在本书前面的章节中,我们已经讨论了一些关于如何在日常生活中与意外共处的方法,对于很多人来说,有意识地去调节自己的情绪就可以让目前的处境有所改善。如果仍然困在其中,觉得有抑郁、焦虑或者创伤后应激障碍等,可以寻求专业帮助,这些主要涉及法律帮助和心理帮助。

法律层面的帮助针对的是一些特定情况,如遭遇侵犯、强奸、火灾之后,常会有人控诉自己,如被强奸或被侵犯的受害者经常说"我真是自找苦吃"。因此,只有承认受害者的身份才能去找律师了解自己的权利,走上正确的维权之路。从法律角度讲,受到法律定义损害的人才是受害者。因此,受害者可以从负罪感中解脱出来,不该说"这是我的错,我不应该那天晚上出门",而应该说"我在街上不幸受到了坏人的侵犯"。如果受害者的身份得不到承认，任何司法程序或社会援助流程都无法开展。

心理层面的帮助适用于持续焦虑、抑郁和创伤后应激障碍等。独自面对创伤是困难的，这需要拥有良好的心理基础、生活哲学以及社会支持和精神支持。如果达不到这些条件或症状持续，就很有必要求助专业人士。心理学家和精神病学家对此类应激障碍的研究越来越深入，相关疗法也有不少，能够提供有效的帮助。专业人士会告诉你目前的状态是什么，会有哪些影响以及如何治疗，会让你理解引发创伤以及创伤持续存在的原因、哪些行为需要改变等。

现如今，心理咨询行业发展较快，每年都有很多高校的应用心理硕士毕业生加入这个行业，带着热忱从其他行业转过来的也不少。其中，有不少人感觉到自己被这个职业所召唤，不断进行学习、培训、督导、个人体验，希望自己能够胜任这份工作。

作为一个学习、研究和应用心理学将近20年的人，我常常被问到一个问题：心理咨询真的有用吗？我想，如果心理咨询没有用，我不会为之投入20年的时间，并且至今仍然乐在其中。可以说，这些年里我见证了太多触动心灵的时刻，随着来访者对于心灵的探索逐渐深入，他们发现了更多关于自身的真相，洞察了心结背后的需要，甚至看清了命运的轮回，从而做出了更有益的选择。

那么，什么时候需要心理咨询？心理咨询流派众多、方法不同，人们该找什么样的人咨询呢？

首先，当一个人出现幻觉、妄想，分辨不清哪些是现实，哪些是自己的想象，有较大自杀风险时，就属于严重的心理问题了，需要去精神专科医院或综合医院精神科就诊，遵医嘱服药。当一个人心情低落、意志减退、思维迟缓、对各种事物失去兴趣，或者对某项事物感到过于焦虑，饮食睡眠发生很大变化，且这种情况持续几周时，就需要咨询心理专业相关人士，及时诊疗，尽早干预。当一个人感觉到学习、工作、生活、恋爱或家庭关系等方面遇到了发展性困难、存在困扰，此时，很适合见见心理咨询师，由一个受过训练的人认真地倾听、理解你的困境，并和你一起来讨论生活中的各种难题。

专业的心理咨询之所以和普通的对话聊天不同，是因为心理咨询中的谈话都是基于心理的理解，咨询也全然围绕着来访者的议题展开讨论的。

每一节心理咨询都会起效吗？答案是未必。找到适合自己的心理咨询方法，以及找到与自己匹配的咨询师是很重要的。如果问题主要在一个人的内在世界，那么适合做个体治疗，如果问题主要在家庭成员之间的沟通，那么适合家庭治疗。

虽然西方的心理咨询发展更早，但其实中国的儒释道、心学、理学传统一直在帮助人们增强心理韧性，这里面有非常丰富的文化资源。每个在传统文化下生活的人都一定带有这个文化的特点，所以本土的疗法也非常值得大家了解、学习和应用。下面介绍两个在中国本土发展出的心理咨询流派和疗法：

意象对话和回归疗法。

意象对话

意象对话认为人有一种原始的认知方式，就是通过意象认识世界。意象就是带有心理象征意义、心理能量的心理形象，原始认知会在这些象征性意象的基础上构建出故事，并用这些故事指导自己的人生选择。通过梦的工作和放松后的想象，人们可以触及内在的人、动植物、人造物等意象，并通过咨询师陪伴来访者进行接纳、面对、帮助、指导和领悟，从而疏导情绪、化解情结甚至改变命运。意象对话无须在意识和思维层面做太多的工作，看清意象即看清困境，通过意象帮助人们纾解躯体心理能量，意象躯体技术更适合疗愈创伤的工作。

意象对话创立于1990年，经过30多年的发展，理论和技术都日臻成熟，对人格的形成、情结的要素等都有自身独有的创新，在价值观上注重自知、真爱、承担和行动。另外，它除了是一种有趣、灵活的心理咨询方法，还是个人实现心理成长的一种修行方法。因为意象对话可以走得非常深入，所以对于心理师资质的把控非常严格，只有认识了自己的核心情结，才能获得初级（入门级）资质，如果要找这个流派的咨询师，需要认准有资质的专业人员。

回归疗法

回归疗法的理论核心认为，人的根本需要是追求自我存在感，即一种"我在""我活着"的感受，而其他欲望和追求是在这种根本需求上衍生出来的。回归疗法的技术主要有前文介绍的"六步循环圈"，这个方法罕见地以"无我"作为心理底层结构去建构心理咨询模型，整合了心理动力学、认知行为疗法、存在主义疗法、大乘佛教、阳明心学等，从医学模式突破到了超越模式，引导人们回归本心，回归自在与自然。回归疗法比较年轻也比较精深，对咨询师的要求比较高，目前很少有专门使用回归疗法进行工作的咨询师，但这个方法对于认识人的困境同样深刻、有效。

心理咨询的注意事项

1. 想一想自己的咨询动机。开始咨询前，可以想一想自己为什么要来咨询，不一定要有明确答案，也可以在咨询的开始阶段和咨询师讨论，一般有经验的咨询师都会关注这个问题，提前想一想有助于尽快和咨询师建立沟通的桥梁。

2. 选择和自己匹配的心理咨询师。目前心理咨询行业正在快速发展，整个行业有不规范之处，如果有认识的业内人士，可以请他们帮忙推荐，如果不认识相关人士，自己在网上寻找咨询师时，需要了解以下问题：他是否接受过心理学或精神病学教育？是否受过专业机构的训练？所属流派是否靠谱？有多少经验？在咨询评估阶段，可以感受一下自己能不能信任咨询师、能不能向他敞开心扉。咨访关系是一段深入而认真的关系，需要用心投入。

3. 诚实与开放是咨询的基石。没有诚实，咨询就不会有效。咨询中会讨论生活的方方面面，需要尽可能诚实。在咨询过程中，如果对咨询师有任何看法或者情绪，诚实告知是最好的选择，咨访双方可以共同探讨和面对，使之成为理解内心世界的素材。

4. 准时出席。咨询与其他事情不同的一点是，如果已经预约又没有请假，爽约是需要照付费的。如果来访者迟到了，咨询还是会准点结束，所以准时出席是很重要的。

后 记

这本书的撰写可以说是一个偶然，冥冥之中也好像蕴含着一种必然。拿到本书的题目时，我想这真是一个富有生命哲学意味的主题啊，但它又很贴近每个人的生活。谁又没有尝过事与愿违的滋味呢？谁又没有深深地思考过"活着是为了什么"呢？这些年学习和研究心理学的历程，让我有幸得以理解自身的大部分境遇，也相对平稳地度过了人生的各个重要关卡，度过了而立之年后的一些危机。

得益于什么，就传播什么。

我在本书中阐述的大部分内容，是我和同行们默认的一些关于人的心理常识。贯穿始终的一些思想与其说是我原创的，不如说我在传承。能够把切实帮助到我的这些理念和做法整理成一本简单又完整的图书，于我是一种莫大的荣幸。比如，人需要且能够更稳定地生活，有了主心骨，各种各样的际遇都可以成为成长的养料。这并非一句简单的鸡汤文，心理咨询这项工作总是充满挑战和意外，唯有接纳它们，与它们共处，才能见心、见性、见自己。因此，对于一个心理咨询师而言，其实很难自我膨胀、忘乎所以。

现实中的每一天，我践行着我所写下的方法。作为本书的第一个读者，我也在阅读过程中更加细化了自己的一些认识和理解。

也许会有人说，要做到书里写的自我觉知并不容易。是的，这并不容易，我得承认这一点。尤其是在最开始的时候，觉知和理解总是滞后于现实事件，但随着练习的增加，觉知的领域可以增加，耐受窗（耐受的空间）可以扩大。不积跬步，无以至千里，总之只要做起来，才可以慢慢地做自己的主。以我亲身走过和见到的以及陪伴和带领来访者的情况来看，这条自知的路可以日渐清澈澄明。

所以，感谢我的师父朱建军和督导师曹昱，感谢他们对我的看见，他们以慈悲和勇气带领一批人向前走着，走向一种更清醒的生活。

感谢意象对话团队里的各位同仁，他们面向生命真相、走向自我实现的劲头，让我动容，感到鼓舞。

感谢我的研究生导师、北京大学心理学院的侯玉波老师，侯老师正直、善良、宽厚，他的研究加强了我对研究文化心理学的兴趣和信心。

感谢我的挚友张誉释、段菲菲、周烁方、孙天来阅读初稿，给我提出宝贵建议。

感谢梁永耀给予我的欣赏和鼓励，感谢翁宇波和许宇昌在写作方面给我的指导。

感谢家人的支持和包容。

写作这本书的时间较短，所学所思也有限，如有错漏，欢迎读者朋友批评指正，我的联系邮箱：xulipku@126.com。

徐莉

于北京